建筑草图大师SketchUp 8

效果图设计流程详解

杨明　傅俐俊　陆天宇⊙编著

清华大学出版社

北　京

内 容 简 介

本书循序渐进地介绍了建筑草图大师 SketchUp 8 的基础知识及其在设计行业中的应用。全书共分为 14 章，从熟悉操作界面开始，首先介绍 SketchUp 建模的一般基础知识与常用技巧，然后用 4 个经典实例说明 SketchUp 在建筑设计、室内设计、小区设计和景观设计工作中的应用，最后讲解 SketchUp 与 AutoCAD、3ds Max、Piranesi、Artlantis 等常用设计和渲染软件，以及渲染插件 V-Ray for SketchUp 之间的衔接方式、数据导入方式以及生成效果图等内容。

本书内容翔实，实例丰富，结构严谨，适合广大从事室内设计、建筑设计、城市规划设计、景观设计的工作人员与相关专业的大中专院校学生学习使用，也可供房地产开发策划人员、效果图与动画公司的从业人员，以及希望使用 SketchUp 进行作图的图形图像爱好者参考使用。

图书在版编目（CIP）数据

建筑草图大师 SketchUp 8 效果图设计流程详解/杨明，傅俐俊，陆天宇编著. —北京：清华大学出版社，2013.4（2023.7 重印）

ISBN 978-7-302-31614-5

Ⅰ. ①建… Ⅱ. ①杨… ②傅… ③陆… Ⅲ. ①建筑设计-计算机辅助设计-应用软件 Ⅳ. ①TU201.4

中国版本图书馆 CIP 数据核字（2013）第 031181 号

责任编辑：朱英彪 贾小红
封面设计：刘 超
版式设计：文森时代
责任校对：赵丽杰
责任印制：丛怀宇

出版发行：清华大学出版社
        网   址：http://www.tup.com.cn，http://www.wqbook.com
        地   址：北京清华大学学研大厦 A 座   邮   编：100084
        社 总 机：010-83470000   邮   购：010-62786544
        投稿与读者服务：010-62776969，c-service@tup.tsinghua.edu.cn
        质 量 反 馈：010-62772015，zhiliang@tup.tsinghua.edu.cn
        课 件 下 载：http://www.tup.com.cn，010-62788951-223
印 装 者：三河市龙大印装有限公司
经   销：全国新华书店
开   本：185mm×260mm   印   张：19.5   字   数：448 千字
版   次：2013 年 4 月第 1 版   印   次：2023 年 7 月第 11 次印刷
定   价：69.80 元

产品编号：050636-02

前　言

在建筑设计中，一份好的设计方案通常需要用精美的图片来展现，可以是手绘的图片，也可以是使用软件制作的图片。如今，建筑设计类软件已不仅仅是制作最终效果图的工具，也日益成为辅助设计的一种手段。

进入 21 世纪以来，随着信息技术的普及，建筑设计等相关行业迎来了新一轮的发展。短短几年，AutoCAD 等建筑软件便席卷全球。随后，相关的设计软件层出不穷，竞争激烈，简单、高效和快捷便成了衡量一款软件生命力的重要指标。正当设计与效果图表现相互脱节的时候，SketchUp 脱颖而出，它既可以应用于方案的推敲，又可以应用于方案深化以及后期的效果图表现，有着极大的优势。随着 SketchUp 版本的不断升级，增加了很多新的功能，使之更加适合于方案的设计与表现。作为 SketchUp 中国官方论坛的超级版主，笔者深刻地感受到了这款软件的更新速度。针对最新的软件版本 SketchUp 8，大家需要有一个全新的认识，这正是笔者编写本书的目的。

关于 SketchUp

SketchUp 建筑草图设计软件是一套令人耳目一新的设计工具，它打破了传统设计方式的束缚，可快速形成建筑草图，创作建筑方案，带给建筑师边构思边表现的创作体验。因此，SketchUp 被称为最优秀的建筑草图工具。它的出现，是建筑设计领域的一次大革命。

SketchUp 功能强大，简单易学，即便是不熟悉计算机的建筑师也可以很快地掌握它。它融合了铅笔画的优美与自然笔触，可以迅速地建构、显示和编辑三维建筑模型，同时拥有强大的软件接口，能够与多种主流设计软件交换数据，如 AutoCAD、3ds Max、ArchiCAD、Piranesi 等。随着 SketchUp 软件的普及，越来越多的软件推出了与之相关的导出插件，从而能与它更好地兼容。

建筑师在方案创作中使用 CAD 软件的繁重工作量可以被 SketchUp 的简洁、灵活及强大功能所代替。SketchUp 带给建筑师的是一个专业的草图绘制工具，建筑师可以更直接、方便地与业主和委托方进行交流。这些特性同样也适用于装潢设计师和户型设计师。

SketchUp 是一款直接面向设计方案创作过程的软件，而不是只面向渲染成品或施工图纸的设计工具。其创作过程与设计师手绘构思草图的过程很相似，因此能够充分表达设计师的思想，而且能够满足设计师与客户间即时交流的需要。同时，其成品导入其他渲染软件（如 Artlantis、Maxwell、VRay 等）后可以生成照片级的商业效果图。

建筑师在制作设计方案时经常需要在不同软件中重复进行建模。例如，在一般情况下，使用 AutoCAD 绘制平面图形，然后在 3ds Max 中建立三维模型。这样，为了完成一个方案就不得不在两个软件中进行"重复"操作，这就是二次建模。二次建模不仅使设计环节变得十分复杂，而且浪费了大量的时间。而使用 SketchUp 建模时，平面图与三维模型只需创建"一次"即可完成，这就是一次建模。与二次建模相比，一次建模节省了近一半的时间。

本书结构

SketchUp 既可以作为一个中间软件使用，又可以作为一个独立软件使用。所谓中间软件，是指既可以将其他软件的文件导入 SketchUp 中作为参照或模型的部件，又可以将 SketchUp 的模型导出到其他软件中进行渲染或调整。所谓独立软件，是指从方案构思、形体推敲、平面绘制、立体建模等，直到最终的渲染出图（通过渲染插件），这些过程都可以在 SketchUp 中进行，而且非常方便快捷。

本书共分为 3 篇，具体结构安排如下：

上篇：基本操作讲解。包括第 1～5 章，主要介绍 SketchUp 8 的基本功能、操作界面、绘图方法、建模思路、动画和插件等。

中篇：建模。包括第 6～9 章，通过典型实例来介绍 SketchUp 在建筑设计、室内设计、景观设计、小区设计等主要设计行业中的应用。

下篇：输入与输出。包括第 10～14 章，主要介绍 SketchUp 与其他主流设计软件间的数据交换以及如何在彩绘大师 Piranesi、渲染伴侣 Artlantis 和渲染插件 V-Ray for SketchUp 中生成效果图。

本书特点

本书最大的特点就是实例多，除了书中介绍的实例以外，附配的资源包中还包含视频教程以及书中提到的模型，读者可以在学习软件使用方法的同时提高自己的建模水平。关于本书提供的资源包，读者可扫描图书封底的"文泉云盘"二维码，或登录清华大学出版社网站（www.tup.com.cn），在对应图书页面获取其下载方式。

除此之外，本书还具有如下特点：

（1）不仅详细讲解了 SketchUp 8 的基本操作，而且介绍了很多建模技巧。

（2）逐步递进，按照知识点的难易程度，由浅入深，逐层讲解。

（3）突出实例讲解，编写实例时注重分步讲解，读者可通过实例学习逐步养成使用 SketchUp 建模的操作习惯。

（4）突出流程，使设计人员学会如何使用 SketchUp 贯穿设计的全过程。

（5）赠送视频教程，简单直观，一目了然。

读者对象

本书可作为广大从事室内设计、建筑设计、城市规划设计和景观设计的工作人员与相关专业的大中专院校学生的参考用书，也可作为房地产开发策划人员、效果图与动画公司的从业人员以及希望使用 SketchUp 进行作图的图形图像爱好者的学习用书。

本书由杨明、傅俐俊和陆天宇编写，同时参与本书编写、素材整理和图纸设计等工作的人员还有王小霞、黄氏由、黄太慧、胡顺香、左红梅、周念福、徐永志、覃刚、霍伟、吴小叶、张小宁、秦志华、利为民、王江华、杨影、罗顺香、许师朋、林楚怡、彭南秘、林华朋等，在此一并表示感谢。

由于编者水平有限，书中和视频教程中的不足之处在所难免，衷心希望专家、学者以及广大读者批评指正，使我们能够不断地修正和完善。

编　者

目　　录

上篇　基本操作讲解

中篇　建　　模

上篇 基本操作讲解

第1章 操作界面与绘图环境的设置

SketchUp 以简易、明快的操作风格在三维设计软件中占有一席之地，其操作界面非常简洁，初学者很容易上手。通常，用户喜欢打开软件后就开始绘制，其实这种方法是错误的。因为大多数工程设计软件，如 3ds Max、AutoCAD、ArchiCAD、MicroStation 等，其默认情况下都是以英制单位作为绘图的基本单位，所以打开软件后应先设置绘图环境。

1.1 操作界面

与其他基于 Windows 操作平台的软件一样，SketchUp 同样使用下拉菜单和工具栏进行操作，具体的信息与步骤提示也要通过状态栏显示出来。

1.1.1 单一的屏幕视口

SketchUp 的操作界面非常简洁，如图 1.1 所示。中间空白处是绘图区，用于显示绘制的图形。

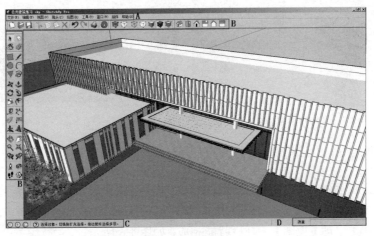

图 1.1 操作界面

软件操作界面主要由以下几个部分组成。

❑ A 区：菜单栏。由【文件】、【编辑】、【视图】、【镜头】、【绘图】、【工具】、【窗口】、【插件】和【帮助】9 个菜单组成。

- ❑ B 区：工具栏。由横、纵两个工具栏组成。
- ❑ C 区：状态栏。其中的 4 个按钮从左至右依次为【地理信息】按钮、【作者信息】按钮、【账户登录】按钮和【打开帮助窗口】按钮。当光标在操作界面上移动时，状态栏中会有相应的文字提示，用户可以根据这些提示更方便地操作软件。
- ❑ D 区：数值输入框。在屏幕右下角的数值输入框中，可以根据当前的作图情况输入"长度"、"距离"、"角度"、"个数"等相关数值，进行精确的建模。

计算机的屏幕是平面的，但是建立的模型是三维的。在建筑制图中常用"平面图"、"立面图"和"剖面图"的组合来表达设计的三维构思。在 3ds Max 中，通常用 3 个平面视图和一个三维视图来作图，直接明了，但是会占用大量的系统资源。

SketchUp 只用一个简洁的视图来作图，各视图之间的切换非常方便。如图 1.2～图 1.5 所示分别是俯视图（平面图）、主视图（立面图）、剖面图和透视图在 SketchUp 中的显示。

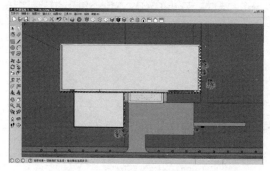

图 1.2　俯视图（平面图）

图 1.3　主视图（立面图）

图 1.4　剖面图

图 1.5　透视图

1.1.2　切换视图

平面视图有平面视图的作用，三维视图有三维视图的作用，各种视图的作用也不一致。设计师在三维作图时经常要进行视图间的切换。而在 SketchUp 中只用一组工具栏，即【视图】工具栏就能完成，如图 1.6 所示。

图 1.6　【视图】工具栏

【视图】工具栏中有 6 个按钮，从左到右依次是【等轴】按钮、【俯视图】按钮、【主视图】按钮、【右视图】按钮、【后视图】按钮和【左视图】按钮。在作图的过程中，只要单击【视图】工具栏中相应的按钮，SketchUp 就会自动切换到对应的视图中。

🔔注意：由于计算机屏幕观察模型的局限性，为了达到三维精确作图的目的，必须转换到
最精确的视图窗口操作。设计师往往会根据需要即时地调整视图到最佳状态，这
时对模型的操作才准确。

1.1.3　旋转三维视图

在三维视图中作图是设计人员绘图的必需步骤。在 SketchUp 中，三维视图的切换是非
常方便的。在介绍如何切换三维视图之前，首先介绍有关三维视图的两个类别：透视图与
轴测图。

透视图模拟了人的视觉特征，图形中的物体有"近大远小"的关系，如图 1.7 所示。
而轴测图虽然是三维视图，但却没有"近大远小"的关系，距离视点近的物体与距离视点
远的物体呈一样的大小，如图 1.8 所示。

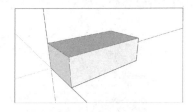

图 1.7　透视图

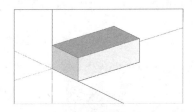

图 1.8　轴测图

在 SketchUp 中，以三维操作为主体，经常在绘制好
二维底面后还要在三维视图中操作。切换到三维视图有两
种方法：一种是直接单击工具栏中的【转动】按钮🔄，然
后按住鼠标左键不放，在屏幕上任意转动视图以达到希望
观测的角度，再释放鼠标左键；另一种方法是按住鼠标中
键不放，在屏幕上转动视图以找到需要的观看角度，再释
放鼠标中键。

SketchUp 中默认的三维视图是透视图。如果想从透
视图切换到轴测图，可以在【镜头】菜单中取消选择【透
视图】命令，如图 1.9 所示。

图 1.9　切换到透视图

🔔注意：在使用【转动】工具调整观测角度时，SketchUp 为保证观测视点的平稳性，不会
移动相机的机身位置。如果需要观测视点随着鼠标的"转动"而移动机身，可以
按住 Ctrl 键不放，再转动。这一点在视频教程中有更详细的讲解。

1.1.4　平移

不论是在二维软件中还是在三维软件中绘图，用得最多的是平移视图与缩放视图。
平移视图有两种方法：一是直接单击工具栏中的【平移】按钮✋；二是按住 Shift 键不
放，再单击鼠标中键进行视图的平移。这两种方法都可以对屏幕视图进行水平方向、垂直

方向以及倾斜方向的任意平移。具体操作步骤如下：

（1）在任意视图下单击工具栏中的【平移】按钮，光标将变成手形，如图 1.10 所示。

（2）任意移动鼠标，以达到观测最佳视图的目的。

图 1.10　平移状态

1.1.5　缩放视图

绘图是一个不断地从局部到整体、再从整体到局部的过程。为了精确绘图，设计师需要放大图形以观察局部的细节；为了进行全局的调整，设计师会缩小图形以查看整体的效果。SketchUp 中共有 5 个按钮用于缩放视图，如图 1.11 所示。从左到右依次是【缩放】按钮、【缩放窗口】按钮、【缩放范围】按钮、【上一个】按钮和【下一个】按钮。

缩放工具的作用是将当视图动态地放大或缩小，能够实时地看到视图的变换过程，以达到设计师作图的要求。具体操作步骤如下：

（1）单击工具栏中的【缩放】按钮，此时屏幕中的鼠标会变为如图 1.12 所示的放大镜形状。

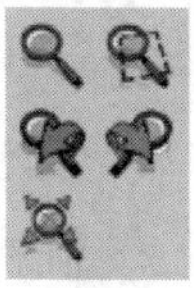

图 1.11　缩放视图的工具

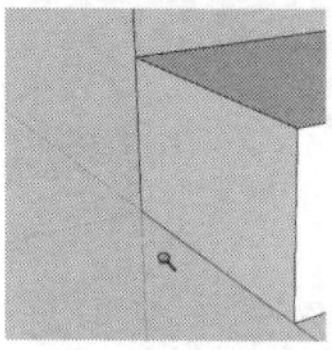

图 1.12　缩放状态

（2）按住鼠标左键不放，从屏幕上方往下方移动是缩小视图；按住鼠标左键不放，从屏幕下方往上方移动是放大视图。

（3）当视图放大或缩小到希望达到的范围时，松开鼠标左键完成操作。

（4）可以在任何情况下，通过滑动滚轮鼠标的滚轮来完成缩放功能。鼠标滚轮向下滑动是缩小视图，向上滑动是放大视图。

【缩放窗口】工具的作用是将指定窗口区域内的图形最大化地显示在视图屏幕上，它是一个将局部范围扩大的工具。具体操作步骤如下：

（1）单击工具栏中的【缩放窗口】按钮，这时屏幕中的鼠标会变成一个带虚线四方形的放大镜。

（2）按住鼠标左键不放，在屏幕中进行拖动，拖出一个矩形的窗口区域并释放鼠标，这个窗口区域就是需要放大的图形区域，该窗口区域中的图形将会最大化显示在屏幕上。

【缩放范围】工具的作用是将整个可见的模型以屏幕中心为中心最大化地显示在视图屏幕上。其操作步骤非常简单，单击工具栏中的【缩放范围】按钮即可完成。

【上一个】工具的作用是恢复显示上一次视图。单击工具栏中的【上一个】按钮即可完成。

【下一个】工具的作用是恢复显示下一次视图。单击工具栏中的【下一个】按钮即可完成。

注意：大多数计算机都配带滚轮鼠标，其滚轮可实现当前内容的上下滑动，也可以当作鼠标中键使用。为了加快 SketchUp 作图的速度，对视图进行操作时应该最大程度地发挥鼠标的如下功能：

（1）按住中键不放并移动鼠标，可实现转动功能。

（2）按住 Shift 键不放加鼠标中键，可实现平移功能。

（3）上下滑动滚轮，可实现缩放功能。

1.2　设置绘图环境

设置绘图环境主要就是调整当前的系统单位，将其默认状态下的单位更改为我国建筑业常用的"毫米"单位。如果每次使用 SketchUp 都要设置单位，就过于烦琐了，这时可以使用单位模板。

1.2.1　设置单位

SketchUp 在默认的情况下是以美制英寸为绘图单位的，应将其改为我国规范中的要求——公制毫米，精度为 0.0mm。具体操作步骤如下：

（1）选择【窗口】→【模型信息】命令，在弹出的【模型信息】对话框中选择【单位】选项卡，然后在该对话框的右侧设置长度与角度的单位，如图 1.13 所示。

（2）更改单位需要在【长度单位】栏中做如下调整：

❏　将【格式】改为"十进制"，并以"毫米"为最小单位。

❏　将【精确度】改为"0.0mm"，如图 1.14 所示。

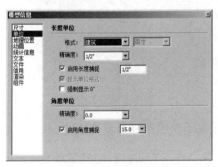

图 1.13　设置单位

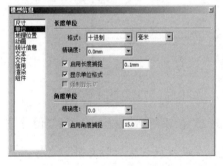

图 1.14　更改单位

（3）按 Enter 键完成绘图单位的设置。

注意：国外与国内统一使用"度"作为角度单位，因此【角度单位】栏不作任何设置。

1.2.2　设置场景的坐标系

与其他三维建筑设计软件一样，SketchUp 也使用坐标系来辅助绘图。启动 SketchUp后，会发现屏幕中有一个三色的坐标轴。绿色的坐标轴代表 X 轴向，红色的坐标轴代表 Y

轴向，蓝色的坐标轴代表 Z 轴向，其中实线轴为坐标轴正方向，虚线轴为坐标轴负方向，如图 1.15 所示。

根据设计师的需要，可以对默认的坐标轴原点、轴向进行更改。具体操作步骤如下：

（1）单击工具栏中的【轴】按钮 ✳，重新定义系统坐标，可以看到此时屏幕中的鼠标指针变成了一个坐标轴，如图 1.16 所示。

图 1.15　坐标轴向　　　　　　　　　　　　　图 1.16　鼠标指针的变化

（2）移动鼠标到需要重新定义的坐标原点，单击鼠标左键，完成原点的定位。

（3）转动鼠标到红色的 Y 轴需要的方向位置，单击鼠标左键，完成 Y 轴的定位。

（4）再转动鼠标到绿色的 X 轴需要的方向位置，单击鼠标左键，完成 X 轴的定位。

（5）此时可以看到屏幕中的坐标系已经被重新定义了。

如果想在绘图时出现如图 1.17 所示的用于辅助定位的十字光标，就像在 AutoCAD 中绘图时的屏幕光标一样，可以通过以下步骤来实现：

（1）选择【窗口】→【使用偏好】命令，在弹出的【系统使用偏好】对话框中选择【绘图】选项卡，如图 1.18 所示。

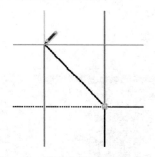

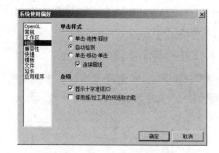

图 1.17　辅助定位的十字光标　　　　　　　图 1.18　选择【绘图】选项卡

（2）在该对话框右侧的【杂项】栏中选中【显示十字准线】复选框即可。

🔔 注意：设置场景坐标轴与显示十字准线这两个操作并不常用，对于初学者来说，不需要过多地进行研究，只要有一定的了解即可。

1.2.3　使用模板

如果每次绘图都要设置绘图的环境，那么就很烦琐了。在 SketchUp 中可以直接调用"模板"来绘图。设置好"模板"中的绘图环境后，可以通过以下两种方法来选择模板：

（1）在软件的欢迎界面中单击【选择模板】按钮，然后在模板列表中选择模板即可，如图 1.19 所示。

（2）在软件操作界面中选择【窗口】→【使用偏好】命令，在弹出的【系统使用偏好】

对话框中选择【模板】选项卡，然后在该对话框的右侧选择模板即可，如图 1.20 所示。

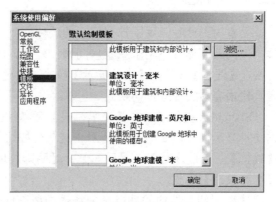

图 1.19　在模板选择列表中选择模板　　　　图 1.20　选择【模板】选项卡

可以看到，【默认绘制模板】列表中的模板与欢迎界面的模板是一致的。在图 1.19 中，拖动欢迎界面右侧的滑块，在模板列表中可以根据要求选择模板，如选择【建筑设计-毫米】选项，表示以公制的毫米为单位的建筑设计作图环境模板，单击【确定】按钮，完成模板的选择。

但是此时系统并不是以建筑设计-毫米为单位作为模板。需要关闭 SketchUp，然后重新启动软件，系统才装载指定的建筑设计-毫米模板。

🔔注意：实际上，在第一次使用 SketchUp 时就应该加载建筑设计-毫米模板，这是一劳永逸的做法，以后作图就再也不需要设置绘图单位了。

如果系统默认的模板难以满足需求，读者还可以自行设置常用的绘图环境，存为自己的模板。具体操作步骤如下：

（1）选择【文件】→【另存为模板】命令，弹出【另存为模板】对话框，如图 1.21 所示。

（2）输入自定义的名称，如 standard，然后在【说明】文本框中编辑自定义模板的绘图环境信息，再选中【设为默认模板】复选框，最后单击【保存】按钮，完成模板的保存。

图 1.21　【另存为模板】对话框

1.3　物体的显示

在做设计方案时，设计师为了让甲方能更好地了解方案形式，理解设计意图，往往会从各种角度、用各种方式来表达设计成果。SketchUp 作为一款面向设计的软件，提供了大量的显示模式，以便设计师选择表现手法。

1.3.1 7 种显示模式

做室内设计时，周围都有闭合的墙体。如果要观察室内的构造，就需要隐藏一部分墙体，但隐藏墙体后不利于观察房间整体效果。由于有些计算机的硬件配置较低，因此需要经常在【线框】模式与【实体显示】模式之间进行切换。而在 SketchUp 中通过【显示模式】工具栏很容易实现这种切换。

SketchUp 提供了一个【显示模式】工具栏，其中包括 7 个按钮，分别代表了模型常用的 7 种显示模式，如图 1.22 所示。这 7 个按钮从左到右依次是【X 射线】、【后边线】、【线框】、【隐藏线】、【阴影】、【阴影纹理】和【单色】。SketchUp 默认情况下选用【阴影纹理】模式。

【X 射线】按钮的功能是使场景中所有的物体都透明化，就像用 X 光照射了一样。此模式下，可以在不隐藏任何物体的情况下非常方便地查看模型内部的构造，如图 1.23 所示。

【后边线】按钮的功能是使场景中的所有物体在受到遮挡，不显示于摄像机前的那一面以虚线的形式显示出线框，如图 1.24 所示。

【线框】按钮的功能是将场景中的所有物体以线框的方式显示。在这种模式下，场景中模型的材质、贴图和面都是无效的，因此显示速度非常快，如图 1.25 所示。

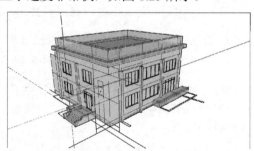

图 1.22 　【显示模式】工具栏　　　　　　　图 1.23 　【X 射线】模式

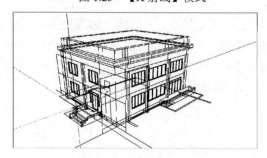

图 1.24 　【后边线】模式　　　　　　　　图 1.25 　【线框】模式

【隐藏线】按钮的功能是在【线框】模式的基础上将被挡在后面的物体隐藏，以达到消隐的目的。此模式更有空间感，但由于后面的物体被消隐，因此无法观测到模型的内部，如图 1.26 所示。

【阴影】按钮的功能是在【隐藏线】模式的基础上将模型的表面用颜色来表示，如

图 1.27 所示。这种模式是 SketchUp 默认的显示模式，在没有指定表面颜色的情况下，系统用样式中设定好的前景色来表示正面，用背景色表示反面。关于正反面的问题，在本书后面讲解建模时详细介绍。

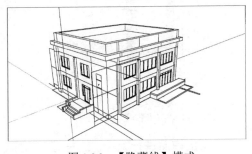

图 1.26　【隐藏线】模式

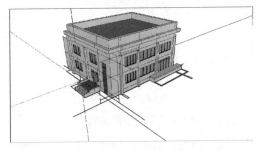

图 1.27　【阴影】模式

　　【阴影纹理】按钮的功能是场景中的模型被赋予材质后，显示出材质与贴图的效果，如图 1.28 所示。如果模型没有材质，那么此按钮无效。

　　【单色】按钮的功能是在【隐藏线】模式的基础上用前景色对模型进行填充，以达到将模型与背景颜色区分的目的，如图 1.29 所示。

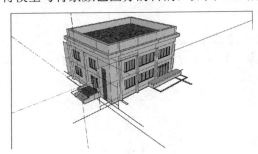

图 1.28　【阴影纹理】模式

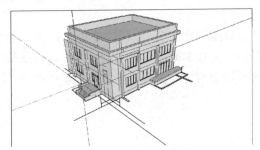

图 1.29　【单色】模式

注意：要针对具体情况选择不同的显示模式。在绘制室内设计图时，由于需要看到内部的空间结构，可以考虑用【X 射线】模式；绘制建筑方案时，在图形没有完成的情况下可以使用【阴影】模式，这时显示的速度会快一些；图形完成后可以使用【阴影纹理】模式来查看整体效果。

1.3.2　设置剖面与显示剖面

　　在绘制建筑设计图时，为了表达建筑物内部纵向的结构关系与交通组织，往往需要绘制剖面图。剖面图是用一个虚拟的剖切面将建筑物"剖开"为两个部分，并去掉其中一个部分，观看另一部分。在 SketchUp 中，"剖切"这个常用的表达手法不但容易操作，而且可以"动态"地调整剖切面，生成任意的剖面方案图。具体操作步骤如下：

　　（1）单击工具栏中的【截平面】按钮，此时屏幕中的光标会变成带有方向箭头的绿色线框。其中线框表示剖切面的位置，箭头表示剖切后观看的方向，如图 1.30 所示。剖切后，模型将虚拟地被"一分为二"，背离箭头的那部分模型将自动隐藏。

　　（2）移动鼠标到需要剖切的位置，单击确认，红色表示被剖切到的部分，如图 1.31

所示。通过这样的剖切图，可以很容易地观察到模型内部的构造。

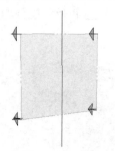
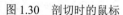

图 1.30　剖切时的鼠标

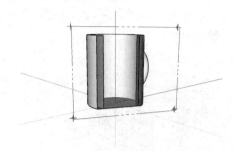

图 1.31　初步定义剖切面

（3）对剖切面进行调整。主要有两种方法：一是对剖切面进行旋转，二是对剖切面进行移动。单击剖切面，剖切面变成黄色的激活状态，此时可以使用【旋转】工具或【移动/复制】工具对剖切面进行调整，以获得理想的剖面图。【旋转】和【移动/复制】这两个工具将在后面的章节中介绍。

完成剖面图的绘制后，右击屏幕中的剖切面，弹出一个快捷菜单，如图 1.32 所示。通过这个菜单，可以对剖面图进行隐藏剖切面、反转剖切方向以及将三维剖切视图转换为平面剖切视图的操作。

隐藏剖切面时，直接选择图 1.32 所示的【隐藏】命令，这时剖切面会被隐藏，如图 1.33 所示。如果需要恢复显示剖切面，可以选择【编辑】→【取消隐藏】→【全部】命令，这时被隐藏的构件都会在屏幕中显示出来。

图 1.32　剖切面的右键快捷菜单

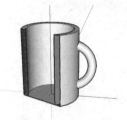

图 1.33　隐藏剖切面

"反转剖切方向"功能用于把剖切方向反转 180°，从而将原来剖切后隐藏的部分显示出来，显示的部分隐藏起来。具体操作方法是直接选择如图 1.32 所示的右键快捷菜单中的【反转】命令，此时得到如图 1.34 所示的剖面图。与图 1.31 相比，剖切面正好转动了 180°，显示部分与隐藏部分整个调换过来。

"将三维剖切视图转换为平面剖切视图"功能主要用于满足工程制图的需要。因为建筑施工图要求用全部的平面图来表示，不允许出现三维视图，这与方案图的三维视图和平面视图是不同的，所以有时也需要纯平面的剖面图。具体操作方法是直接选择如图 1.32 所示的右键快捷菜单中的【对齐视图】命令，此时屏幕会以剖切面为正视方向，转成正投影的平行剖面图，如图 1.35 所示。

默认情况下，剖切到的物体是以橙色显示的，可以通过以下操作来调整物体的显示颜色：选择【窗口】→【样式】命令，在弹出的【样式】对话框中选择【编辑】选项卡，然后选择【建模】选项，如图 1.36 所示。

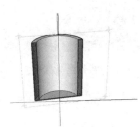

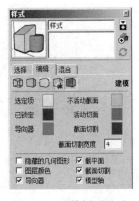

图 1.34　反转剖切方向　　　　图 1.35　平面剖切视图　　　　图 1.36　调整剖面显示

❑　在颜色栏中单击相应的颜色面板，调整需要的颜色。

❑　在【截面切割宽度】文本框中直接输入剖切线的宽度数值。

🔔注意：在 SketchUp 中，剖面图的绘制、调整和显示都很方便，可以很轻松地完成需要的剖面图。设计师可以根据方案中垂直方向的结构、交通和构件等去选择剖面图，而不用去绘制剖面图。

1.3.3　背景与天空

　　实际生活中的建筑物不是孤立存在的，需要靠环境进行烘托，而最大的"环境"就是背景与天空。在 SketchUp 中，可以直接显示出背景与天空。如果设计师觉得这样过于单调与简单，可以将图形输出导入到专业软件（如 Photoshop）中进行深度加工。在 SketchUp 中显示背景与天空的具体操作步骤如下：

　　（1）选择【窗口】→【样式】命令，在弹出的【样式】对话框中选择【编辑】选项卡，然后选择【背景】选项，如图 1.37 所示。

图 1.37　【样式】对话框

　　（2）在【背景】栏中选中【天空】和【地面】复选框。

　　（3）单击【天空】复选框右侧的颜色框，弹出如图 1.38 所示的【选择颜色】对话框，选择天空的颜色并调整亮度。

　　（4）单击【地面】复选框右侧的颜色框，同样弹出如图 1.38 所示的【选择颜色】对话框，选择地面的颜色并调整亮度。

　　（5）调整地面的【透明度】选项。取消选中【从下面显示地面】复选框，以增加显示的速度。因为在 SketchUp 中主要是以单面建筑为主，反面可以不显示。

　　（6）关闭【样式】对话框。此时可以看到屏幕中显示了基本的天空与背景。打开一个建立好的模型，设置好背景与天空，即可生成一般的效果图，如图 1.39 所示。

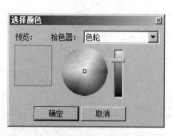

图 1.38 【选择颜色】对话框

图 1.39 一般的天空与背景的效果

（7）如果不需要显示背景与天空，可以在如图 1.37 所示的【样式】对话框中取消选中【天空】与【地面】复选框，然后按 Enter 键确认。

注意：在 SketchUp 中，背景与天空都无法贴图，只能用简单的颜色来表示。如果需要增加配景贴图，可以在 Photoshop 中完成。也可以将 SketchUp 的文件导入到彩绘大师 Piranesi 中生成水彩画或马克画的效果图。这些在本书的下篇中会有介绍。

1.3.4 图层管理

很多图形图像软件都有图层功能。图层的用途主要有两大类：在 3ds Max、AutoCAD 等软件中，主要用来管理图形文件；在 Photoshop 等软件中，主要用来做出特效。SketchUp 中的图层主要用来管理图形文件。由于 SketchUp 主要是单面建模，单体建筑就是一个物体，一个室内场景也是一个物体，所以图层管理功能就不会有 AutoCAD 那样高的使用频率，甚至在室内设计与单体建筑设计中主要使用该功能。所以在启动 SketchUp 后打开的默认界面中没有【图层】工具栏。如果需要使用图层管理功能，就要打开【图层】工具栏。具体操作步骤如下：

（1）选择【视图】→【工具栏】→【图层】命令，弹出【图层】工具栏，如图 1.40 所示。

（2）【图层】工具栏由两部分组成，一个是左侧的图层列表。单击黑色的向下箭头，会自动列出当前场景中所有的图层；另一个是右侧的【图层管理】按钮。单击此按钮会弹出如图 1.41 所示的【图层】对话框。选择【窗口】→【图层】命令，同样也可以弹出【图层】对话框。在对图层进行操作时，添加、删除图层一般在【图层】对话框中操作，而切换当前的绘图图层可直接在图层下拉列表框中选择。

图 1.40 【图层】工具栏

图 1.41 【图层】对话框

在 SketchUp 中，系统自动建立一个 Layer0 图层。如果不新建其他图层，所有的图形将被放置于 Layer0 图层中。Layer0 图层不能被删除，也不能改名。如果系统中只有 Layer0 图层，该图层也不能被隐藏。如果场景比较小，可以使用单图层绘图，这种情况也比较常见，这个单图层就是 Layer0。

如果场景较复杂，需要用图层分门别类地管理图形文件，则需要在【图层】对话框中进行图层管理。具体操作步骤如下：

（1）在【图层】对话框中单击【增加图层】按钮⊕，将所增加的图层添加到当前场景中，如图 1.42 所示。

注意：添加图层的原则是按绘图要素的分类来新增图层，一个图层就是一种图形类别。

（2）双击已有的图层名称，可以更改图层名。

（3）单击图层名，再单击【删除】按钮⊖，可以删除没有图形文件的图层。如果图层中有图形文件，删除图层时会弹出如图 1.43 所示的【删除包含图元的图层】对话框，可以根据具体需要来选择。

图 1.42　添加图层

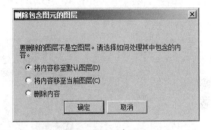

图 1.43　【删除包含图元的图层】对话框

场景中如果有多个图层，其中必定有且只有一个当前图层。所有绘制的图形将被放置在当前图层中。当前图层的标志是该图层前面的单选按钮被选中。如图 1.42 所示，Layer0 图层就是当前图层。如果需要切换当前图层，只需选中其他图层前面的单选按钮即可，也可以使用【图层】工具栏中的图层下拉列表框直接切换，如图 1.44 所示。

管理图层的一个关键方法就是对图层进行显示与隐藏的操作。为了对同一类别的图形对象进行快速操作，如赋予材质、整体移动等，可以将其他类别的图形隐藏起来，而只显示此时需要操作的图层。如果已经按照图形的类别进行了分类，那么就可以用图层的显示与隐藏来快速完成。隐藏图层只需取消选中该图层中的【显示】列中的复选框。如图 1.45 所示，此场景中 car、light 和 ss 是隐藏图层，而 Layer0、Trees 和 plantas 图层是显示图层。

图 1.44　使用图层下拉列表框切换图层

图 1.45　隐藏图层

注意：在大型场景的建模过程中，特别是在小区设计、景观设计和城市设计中，由于图形对象较多，应详细地对图形进行分类，并依次创建图层，以方便后面的作图与图形的修饰。而在单体建筑设计与室内设计中，图形相对较简单，此时不需要使用图层管理，使用默认的 Layer0 图层绘图即可。

1.3.5　边线效果

SketchUp 的中文名称是"建筑草图大师"，即该软件的功能趋向于设计方案的手绘。手绘方案时图形的边界往往会有一些特殊的处理，如两条直线相交时出头、使用有一定弯曲变化的线条代替单调的直线，这样的表现手法在 SketchUp 中都可以实现。

选择【窗口】→【样式】命令，在弹出的【样式】对话框中选择【编辑】选项卡，然后选择【边线】选项，如图 1.46 所示。

【边线】栏中共有 5 个复选框，分别为【轮廓】、【深度暗示】、【延长】、【端点】和【抖动】。如图 1.47 所示的模型是均取消选中这 5 个复选框时的模型，此时边线是以最细的线条显示。

图 1.46　边线设置

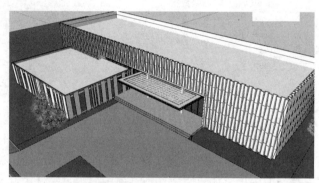

图 1.47　细线显示

- 轮廓：选中该复选框，系统以较粗的线条显示边界线，如图 1.48 所示。
- 深度暗示：选中该复选框，系统以非常粗的深色线条显示边界线。一般情况下取消选中此复选框。
- 延长：选中该复选框，系统在两条或多条边界线相交处用出头的延长表示，这是一种手绘线条的常用表现方法，如图 1.49 所示。

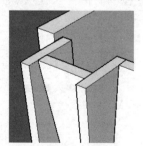

图 1.48　轮廓

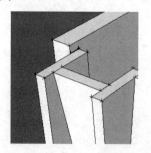

图 1.49　延长

- 端点：选中该复选框，系统在两条或多条边界线相交处用较粗的端点线表示，这也是一种手绘线条的常用表现方法，如图 1.50 所示。
- 抖动：选中该复选框，系统以一定弯曲变化的手绘线条来表示边界线，如图 1.51 所示。

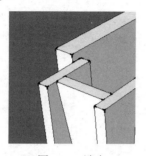　　　　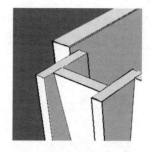

图 1.50　端点　　　　　　　　　　图 1.51　抖动

注意：在【样式】对话框中的【边线】栏中，可以选中多个复选框。但是过多的选中会占用计算机系统资源，所以一般情况下，在建模时并不选中它们，只是在完成模型后根据具体情况选择需要的边线效果。

1.4　物体的选择

在 SketchUp 中，通常的作图方法是先选择物体，再进行后续设计。三维软件中，由于多了个 Z 轴向的高度，所以选择物体往往比在二维软件中操作要难一些，读者应耐心细致地进行物体选择，一旦选择出错，就无法往下进行操作了。

1.4.1　一般选择

在 SketchUp 中选择物体统一使用工具栏中的【选择】按钮 。选择物体的具体操作步骤如下：

（1）单击工具栏中的【选择】按钮，此时屏幕上的光标将变成一个箭头形状。

（2）单击屏幕中的物体，被选中的物体呈黄色加亮显示，如图 1.52 所示。

（3）按住 Ctrl 键不放，屏幕上的光标变成 形状时，再单击其他物体，可以将其增加到选择集合中。

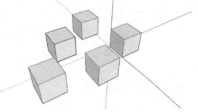

图 1.52　被选择的物体呈加亮显示

（4）按住 Shift 键不放，屏幕上的光标变成 形状时，单击未选中的物体，可以将其增加到选择集合中；单击已选中的物体，则将该物体从选择集合中减去。

（5）同时按住 Ctrl 键与 Shift 键不放，屏幕上的光标变成 形状时，单击已选中的物体，则将该物体从选择集合中减去。

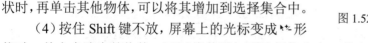

（6）在已有物体被选择的情况下，单击屏幕空白处，可取消所有选择。

（7）在发出选择指令后，按 Ctrl+A 组合键，可以选择屏幕上所有显示的物体。

1.4.2　框选与叉选

框选是单击工具栏中的【选择】按钮后，用鼠标从屏幕的左侧到屏幕的右侧拉出的一个实线框，如图 1.53 所示，只有被这个框完全框进去的物体才被选择，如图 1.54 所示。

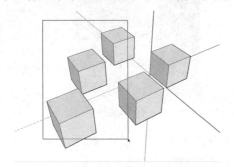
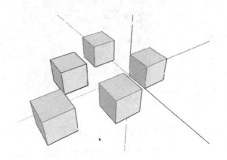

图 1.53　框选　　　　　　　　　　　　　　图 1.54　框选的物体

叉选是单击工具栏中的【选择】按钮后，用鼠标从屏幕的右侧到屏幕的左侧拉出的一个是虚线框，如图 1.55 所示，凡是与这个框有接触的物体都将被选择，如图 1.56 所示。

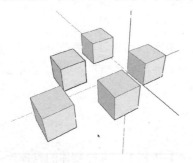
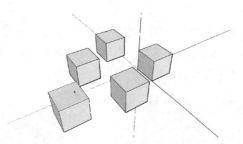

图 1.55　叉选　　　　　　　　　　　　　　图 1.56　叉选的物体

🔲注意：在使用框选与叉选时一定要注意方向性，前者是从左到右框选，后者是从右到左叉选。这两个选择模式经常被使用，特别是在物体较多的情况下，可以一次性进行选择。

1.4.3　扩展选择

在 SketchUp 中，模型是以"面"为单位建立的，具体的建模思路将在后面的章节中介绍。

单击一个面，则这个面会呈黄色小点加亮显示，表示该面处于被选择状态，如图 1.57 所示的左侧物体；快速双击这个面，则与这个面相关联的边线都会被选择，如图 1.57 所示的中间物体；快速地三击这个面，则与这个面所有关联的物体都会被选择，如图 1.57 所示的右侧物体。

对于关联物体的选择，还可以在选择一个面后右击，在弹出的快捷菜单中选择【选择】

命令，然后在弹出的子菜单中根据要求选择【边界边线】、【连接的平面】、【连接的所有项】、
【在同一图层的所有项】或【使用相同材质的所有项】命令来选择需要的物体与物体集合，
如图 1.58 所示。

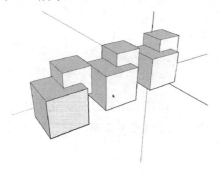

图 1.57　物体的关联选择

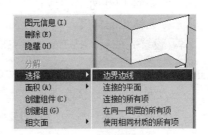

图 1.58　选择命令

1.5　阴影的设置

物体在阳光或月光的照射下会出现受光面、背光面和阴影区。通过阴影效果与明暗对
比，能衬托出物体的立体感。在设计方案时，设计师往往要求自己的作品有很强的立体感，
这时阴影的设置就显得格外重要。在 SketchUp 中，阴影的设置虽然很简单，但是功能并不
弱，甚至还能制作阴影的动画。

1.5.1　设置地理位置

南、北半球的建筑物接受的日照不一样，即使在同一个半球、同一个国家，由于经、
纬度的不同，日照的情况也不一样。所以在设置建筑物的阴影之前，是先要设置建筑物所
处的地理位置。具体操作步骤如下：

（1）单击状态栏的地理信息，或选择【窗口】→【模型信息】命令，弹出【模型信息】
对话框，然后选择【地理位置】选项卡，如图 1.59 所示。

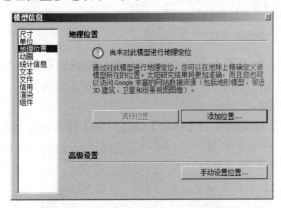

图 1.59　选择【地理位置】选项卡

（2）单击【地理位置】栏的【添加位置】按钮，可以定义模型的地理信息。

（3）在绘制建筑物时，如果是按照"上北、下南、左西、右东"的常规地图绘制方法绘制，就不用修改正北角度。如果不一致，则需要单击【设置北极】按钮 ，这时屏幕中的光标会变成如图 1.60 所示的指北针，在屏幕任意处单击，然后旋转光标选择正北角度。

图 1.60　选择正北角度

（4）设置完成后，按 Enter 键完成操作。

🔔**注意**：很多用户往往不重视地理位置的设置。由于经、纬度的不同，不同地区的太阳高度角、照射的强度与时间也不一致。如果地理位置设置不正确，则阴影与光线的模拟会失真，进而影响到整体效果。

1.5.2　设置阴影

对于阴影的设置主要有两项：一是时间段，二是强度。SketchUp 在默认情况下不显示【阴影】工具栏，所以首先需要启动该工具栏。具体操作步骤如下：

（1）选择【视图】→【工具栏】→【阴影】命令，弹出【阴影】工具栏，如图 1.61 所示。

（2）在【阴影】工具栏中，左侧的两个按钮分别是【阴影设置】按钮和【显示/隐藏阴影】按钮。后面的两个滑块分别用于调整阳光照射的日期与具体的时间。

（3）单击【阴影】工具栏中的【阴影设置】按钮，弹出【阴影设置】对话框，如图 1.62 所示。

图 1.61　【阴影】工具栏

图 1.62　【阴影设置】对话框

（4）如果单击【阴影设置】对话框中的【显示/隐藏阴影】按钮 ，在场景中将显示物体的阴影；反之则不显示。这个功能与如图 1.61 所示【阴影】工具栏中的【显示/隐藏阴影】按钮的功能是一样的。

（5）【阴影设置】对话框中的【时间】与【日期】这两个滑块的功能与【阴影】工具栏中的两个滑块功能是一致的，都用于调整生成阴影当天的具体时间。

（6）【亮】滑块最左侧的数值是 0，最右侧的数值是 100。【亮】的数值越小，则太阳光的强度越弱；【亮】的数值越大，则太阳光的强度越强。

（7）【暗】滑块最左侧的数值是 0，最右侧的数值是 100。【暗】的数值越小，则背光的暗部越暗；【暗】的数值越大，则背光的暗部越亮。

　　如图 1.63 所示是北京地区 9 月 22 日（秋分日）14:30 时刻建筑物在阳光照射下的阴影状况。可以看到，增加了实际地理位置的设置，调整了日照的具体时间，建筑物在阳光的照射下显得栩栩如生。

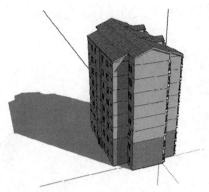

图 1.63　北京地区的建筑物阴影效果

🔔注意：【显示/隐藏阴影】功能对计算机硬件的要求较高，特别是 CPU 的运算能力与显卡的 3D 功能。一般作图时，不要开启【显示/隐藏阴影】功能，否则会占用大量的系统资源，作图的速度也会受到影响。在把模型的细部做好后，为了观看整体效果，可以单击【显示/隐藏阴影】按钮开启该功能。最后的成果图，不论是输出效果图还是动画，都需要阴影来烘托建筑模型逼真的立体感。

1.5.3　物体的投影与受影设置

　　一般来说，在太阳的照射下，除了完全透明的物体外，其他物体都会留下阴影，只不过半透明的物体阴影略浅一些。在制作效果图时，场景中的有些次要构件或非重要的形体如果留下阴影会影响主体建筑的形态，这时可以考虑不让这些物体留下阴影或在主体建筑上不接受来自这些物体的阴影。这就是 SketchUp 中阴影设置的一个特殊环节——物体的投影与受影设置。

　　如图 1.64 所示，是场景中从上往下的三棱柱、圆柱体和长方体在阳光的照射下，留下的阴影。下面以去掉场景中三棱柱在圆柱体上的投影为例，来说明在 SketchUp 中如何对物体设置投射阴影与接收阴影。

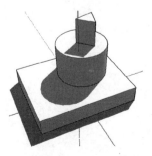

图 1.64　阴影关系

在受影面上不接收投影可以去掉投影，具体操作步骤如下：

（1）选择圆柱体，保证圆柱体处于被选择状态。单击鼠标右键，弹出如图 1.65 所示的【图元信息】对话框。

（2）取消选中【接收阴影】复选框后，关闭【图元信息】对话框，可以看到场景中圆柱体的顶面已经没有三棱柱的阴影了，如图 1.66 所示。

图 1.65　【图元信息】对话框

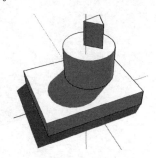

图 1.66　去掉三棱柱在圆柱体上的投影

去掉由于遮挡日光产生投影物体的投影选项，也可以去掉投影。具体操作步骤如下：

（1）选择三棱柱，并保证三棱柱处于被选择状态，单击鼠标右键，弹出如图 1.65 所示的【图元信息】对话框。

（2）取消选中【投射阴影】复选框后，关闭【图元信息】对话框，可以看到场景中的圆柱体顶面已经没有来自三棱柱的阴影了，如图 1.66 所示。

用同样的方法还可以去掉圆柱体在长方体上的投影，这里不再一一介绍，读者可以自己练习。打开【图元信息】对话框还有一个方法，即先选择物体，然后选择【窗口】→【图元信息】命令即可。

注意：三棱柱、圆柱体和长方体分别是 3 个物体，而不是一个物体的 3 个部分。所以在操作本例时，应使用配套光盘中的场景文件进行操作。

第2章 绘制一般图形

第1章的目的是让读者初步了解 SketchUp 软件，以便为下面的学习做好铺垫。从本章开始就要介绍如何使用 SketchUp 绘图，绘制图形是学习 SketchUp 的最终目的。使用 SketchUp 绘图有两个特点：一是精确性，可以直接以数值定位，也可以进行绘图捕捉；二是工业制图性，即图可以拥有三维的尺寸与文本标注。

2.1 绘制二维图形

三维建模最重要的方式就是"从二维到三维"。绘制好二维形体后，将二维形体直接拉伸为三维模型。所以二维形体一定要绘制准确，否则拉伸为三维模型后再修改会很复杂。本节主要介绍二维图形的绘制。

在 SketchUp 中包含一个【绘图】工具栏，如图 2.1 所示。【绘图】工具栏中的 6 个按钮从左到右依次为【矩形】按钮、【线】按钮、【圆】按钮、【圆弧】按钮、【多边形】按钮和【徒手画】按钮。

图 2.1 【绘图】工具栏

2.1.1 绘制矩形

【矩形】工具通过定位两个对角点来绘制规则的平面矩形，并且自动封闭成一个面。发出矩形绘图命令有两种方法：一是单击工具栏中的【矩形】按钮；二是选择【绘图】→【矩形】命令。

1. 绘制一个矩形

绘制一个矩形的具体操作步骤如下：

（1）单击【绘图】工具栏中的【矩形】按钮，此时屏幕上的光标变成一支带矩形的铅笔。

（2）在屏幕上单击确定矩形的第一个角点，然后拖动鼠标至所需要的矩形的对角点上，如图 2.2 所示。

（3）在需要的矩形的对角点上再次单击，完成矩形的绘制。SketchUp 将这 4 条位于一个平面的直线直接转换成了一个面，如图 2.3 所示。

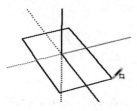

图 2.2 定位矩形对角点

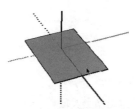

图 2.3 绘制矩形

🔔**注意**：转换成面后，可以直接拉伸成三维形体，而且这个面的 4 条边线（矩形）还保留。

2. 在已有的平面上绘制矩形

下面介绍如何在已有的平面上绘制矩形。在长方体的一个面上绘制矩形，具体操作步骤如下：

（1）单击【绘图】工具栏中的【矩形】按钮，发出绘制矩形的命令。

（2）将光标放置在长方体的一个面上。当光标旁出现"在平面上"的提示时，单击鼠标确定矩形的第一个角点，并且拖动鼠标，此时的图形在长方体的面上，如图 2.4 所示。

（3）在需要的矩形的对角点上再次单击，完成矩形的绘制。这时可以看到，原来的一个面被分割为两个面，如图 2.5 所示。

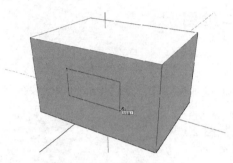
图 2.4　在长方体的面上定点

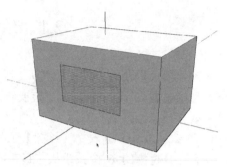
图 2.5　在长方体的面上绘制矩形

🔔**注意**：在原有的面上绘制矩形可以完成对面的分割，其好处是在分割后的任意一个面上都可以进行三维的操作，在建模中经常用到这种方式。

还可以使用输入具体尺寸的方法来绘制矩形，具体操作步骤如下：

（1）发出绘制矩形的命令，定位矩形的第一个角点。

（2）在屏幕上拖动鼠标，定位矩形的第二个角点，可以看到屏幕右下角处的数值输入框前出现"尺寸"字样，如图 2.6 所示，表明此时可以输入矩形的尺寸。

（3）输入矩形的长度和宽度的数值，然后按 Enter 键，即可完成精确数值的矩形绘制。例如，输入"3600mm，2400mm"，即可绘制一个长为 3600mm、宽为 2400mm 的矩形，如图 2.7 所示。

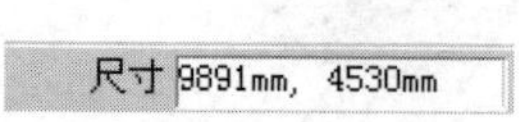

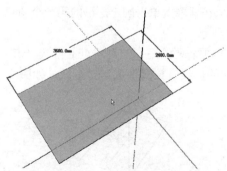

尺寸 9891mm, 4530mm

图 2.6　数值输入框

图 2.7　3600mm×2400mm 的矩形

注意：在数值输入框中输入精确的尺寸来作图是 SketchUp 建立模型的最重要的手法之一。例如，本例的 3600mm×2400mm 的矩形实际就是一个 3.6m 长、2.4m 宽的房间，然后向上拉伸 3m，就完成了一个基本房间的建模。

3．绘制非 XY 平面的矩形

在默认情况下，在 XY 平面中绘制矩形，这与大多数三维软件操作的方法一致。下面介绍如何将矩形绘制到 XZ 和 YZ 平面中，具体操作步骤如下：

（1）发出绘制矩形的命令，定位矩形的第一个角点。

（2）拖动鼠标定位矩形的另一个对角点，注意此时在非 XY 平面中定位点。

（3）找到正确的空间定位方向后，按住 Shift 键不放，以锁定鼠标的移动轨迹，如图 2.8 所示。

（4）在需要的位置再次单击鼠标，完成此例的 XZ 平面矩形的绘制，可以看到 SketchUp 又把矩形转换成了一个面，如图 2.9 所示。

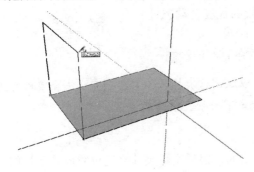
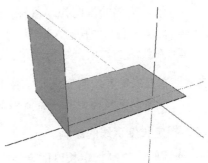

图 2.8　定位空间中的对角点　　　　图 2.9　XZ 平面中矩形的绘制

注意：在绘制非 XY 平面的矩形时，第二个对角点的定位非常困难，这时往往需要转成三维视图，以达到一个较好的观测角度。

在绘制矩形时，如果长宽比满足黄金分割的比例，则在拖动鼠标定位时会在矩形中出现一根虚线表示的对角线，如图 2.10 所示。此时绘制的矩形满足黄金分割比，比例是最协调的。

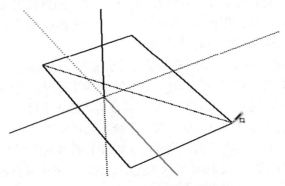

图 2.10　满足黄金分割比的矩形

注意：矩形的绘制虽然很简单，但是使用频率很高。在各大三维建筑设计软件中，长方形房间大多都是先使用矩形绘制出二维形体，然后拉伸成三维模型的。

2.1.2 【线】工具

SketchUp 在【线】工具上比另一个三维设计软件 3ds Max 功能强大，可以直接输入尺寸和坐标点，并且有捕捉功能和追踪功能。

【线】工具可以用来绘制一条或多条直线段、物体的边界、多边形以及闭合的形体。

1．绘制一条直线

绘制一条直线的具体操作步骤如下：

（1）单击【绘图】工具栏中的【线】按钮，或者选择【绘图】→【线】命令，此时屏幕上的光标变成一支铅笔。

（2）在需要的线的起始点处单击。

（3）沿着需要的方向拖动鼠标，此时线段的长度会动态地显示在屏幕右下角的数值输入框中，如图 2.11 所示。

（4）在线段的结束点处再次单击，完成这条直线的绘制。

长度 3199mm

图 2.11　线段的长度

注意：在直线没有绘制完成时，按 Esc 键可以取消这次操作。在绘制完成一条直线后连续绘制直线时，上一条直线的终点就是下一条直线的起始点。

2．指定长度直线的绘制

在作图时，绘制指定长度的直线是非常重要的，根据实际尺寸来定位线段是建模的基本要求，SketchUp 中的导入/导出接口非常多，能与许多软件结合作图，所以在 SketchUp 中一定要使用非常精确的尺寸，否则导入/导出后要更改就相当困难了。绘制指定长度直线的具体操作步骤如下：

（1）发出绘制直线的命令，用两点定出需要的线段。

（2）然后在屏幕右下角的数值输入框中输入线段的实际长度，按 Enter 键结束操作。

3．绘制与 X、Y、Z 轴平行的直线

在实际操作时，绘制正交直线，即与 X、Y、Z 轴平行的直线更有意义，因为不论是在建筑设计还是在室内设计中，根据施工的要求，墙线、轮廓线和门窗线基本上都是相互垂直的。绘制与 Z 轴平行的直线的具体操作步骤如下：

（1）发出绘制直线的命令，在屏幕上需要的位置单击以确认直线的起始点。

（2）在屏幕上移动光标以对齐 Z 轴，如果与 Z 轴平行时，光标旁会出现"在蓝色轴上"的提示，如图 2.12 所示，表明此时绘制的直线与蓝色轴平行。

（3）按住 Shift 键不放并移动光标，此时系统将此直线锁定平行于 Z 轴（蓝色轴），移动光标到直线的结束点，再次单击，完成与 Z 轴平行直线的绘制，如图 2.13 所示。

用同样的方法可以绘制与 X 轴和 Y 轴平行的直线，读者可以自己尝试。

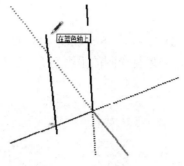
图 2.12　在蓝色轴上

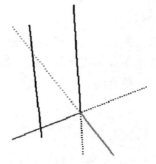
图 2.13　与 Z 轴平行的直线

4．直线的捕捉与追踪功能

与捕捉与追踪的鼻祖 AutoCAD 相比，SketchUp 显得更加简便、更易操作。在绘制直线时，多数情况下都需要使用捕捉。

所谓捕捉就是在定位点时，自动定位到特殊点的绘图模式。SketchUp 自动打开了 3 类捕捉，即端点捕捉、中点捕捉和交点捕捉，分别如图 2.14～图 2.16 所示。在绘制几何物体时，光标只要遇到这 3 类特殊的点，便自动捕捉上去。这是软件精确作图的表现之一。

图 2.14　端点捕捉　　　　　图 2.15　中点捕捉　　　　　图 2.16　交点捕捉

追踪的功能就相当于辅助线，能够更方便地作图。如图 2.17 所示，场景中已经有两条相互垂直的直线，这时需要绘制出另外两条直线，使得这 4 条直线成为一个矩形。从一条直线的一个端点开始绘制直线，拖动光标，拉出红色虚线的追踪轴，以对齐另一条直线的端点。

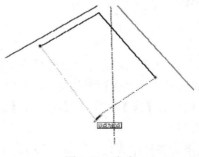

图 2.17　追踪

🔔**注意：** 捕捉与追踪功能是自动开启的。在实际工作中，精确作图的每一步要用数值输入
　　　或捕捉功能。

5．裁剪直线

从已有直线外一点向已有直线引垂线（如图 2.18 所示），SketchUp 会从垂足开始将已有直线分成两条首尾相接的直线，如图 2.19 所示。如果将绘制的垂线删除，已有的直线将重新恢复成一条直线。

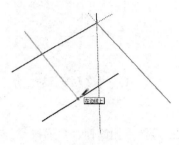 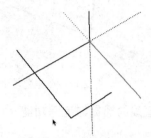

图 2.18　绘制分割垂线　　　　　　　　　　　图 2.19　裁剪直线

6．分割表面

在 SketchUp 中可以通过绘制一条起始点与终止点都在面边界上的直线来分割这个面。如图 2.20 所示，在一个面上绘制一条直线，这条直线的起始点与终止点都在面的边界上。直线绘制完成后，再选择面，会发现原来的一个面变成了两个，如图 2.21 所示。如果删除这个分割面的直线，两个面又会还原成原来的一个面。

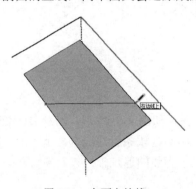 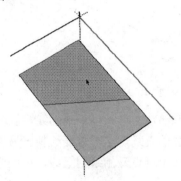

图 2.20　在面上绘线　　　　　　　　　　　图 2.21　分割表面

2.1.3　绘制圆形

圆形作为一个几何形体，在各类设计中是一个出现得非常频繁的构图要素。在 SketchUp 中，画圆的工具可以用来绘制圆形以及生成圆形的面。绘制一个圆形的具体操作步骤如下：

（1）单击【绘图】工具栏中的【圆】按钮，或者选择【绘图】→【圆】命令，此时屏幕上的光标变为一支带圆圈的铅笔。

（2）在圆心所在的位置单击并拖动光标，如图 2.22 所示。

（3）移动光标拉出圆的半径，并再次单击，完成圆形的绘制。由于圆是封闭的形体，SketchUp 自动将圆转成圆形的面，如图 2.23 所示。

同样可以绘制实际尺寸的圆形，方法是绘制完圆形后，在屏幕右下角的数值输入框中输入圆的半径，然后按 Enter 键结束操作，如图 2.24 所示。

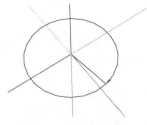

图 2.22　定位圆心

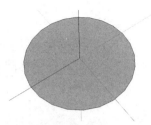

图 2.23　绘制圆形

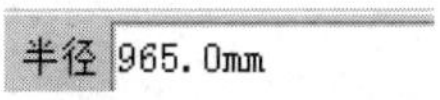

半径 965.0mm

图 2.24　输入圆半径绘制圆形

在 SketchUp 中，圆形实际上是由正多边形组成的，只是操作时并不明显，但是导出到其他软件后就会发现问题。所以，在 SketchUp 中绘制圆形时可以调整圆的片段数（即正多边形的边数），方法是在发出绘制圆的命令后立即在屏幕右下角的数值输入框中输入"片段数 s"，如输入 8s 表示圆的片段数为 8，也就是此圆用正八边形来显示（如图 2.25 所示），输入 16s 表示圆用正十六边形来显示（如图 2.26 所示），然后再绘制圆形。可以看到，尽量不要使用片段数少于 16 的圆。

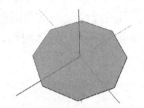

图 2.25　正八边形表示的圆

图 2.26　正十六边形表示的圆

注意：一般来说不用修改圆的片段数，使用默认值即可。如果片段数过多，会引起面的增加，这样会使场景的显示速度变慢。在将 SketchUp 导入到 3ds Max 中时尽量减少场景中的圆形，因为圆形导入到 3ds Max 中时会产生大量的三角面，在渲染时会占有大量的系统资源。对于导出时圆形物体的处理，本书在下篇中会有详细的介绍。

2.1.4　【圆弧】工具

1．圆弧的绘制

圆弧是圆形的一部分，在 SketchUp 中绘制圆弧的具体操作步骤如下：

（1）单击【绘图】工具栏中的【圆弧】按钮，或者选择【绘图】→【圆弧】命令，此时屏幕上的光标变为一支带圆弧的铅笔。

（2）在圆弧的起始点处单击，并移动光标。

（3）在圆弧的结束点处再次单击，此时创建了一条直线，这就是圆弧的弧长。

（4）在弧长的垂直方向上移动光标到需要的位置时再次单击，此时创建的是圆弧的矢高，如图 2.27 所示。

圆弧的弧长与矢高都可以在屏幕右下角的数值输入框中输入实际尺寸，然后按 Enter 键结束操作。用这样的方法可以绘制精确尺寸的圆弧。

2．半圆的绘制

绘制半圆的矢高时，移动光标（注意光标提示的变化），如果光标出现"半圆"的提示，这时单击完成圆弧的绘制，这个圆弧就是一个标准的半圆，如图 2.28 所示。

图 2.27　绘制圆弧　　　　　　　　　图 2.28　绘制半圆

3．半圆与其他形体在平面中相切

绘制一个圆弧与一条已知直线相切，定位好圆弧的起始点与终止点，保证圆弧的终止点捕捉到已知直线的一个端点上，然后移动光标，定位矢高，当光标移动到一定程度时，圆弧会变成青色，并且提示"在顶点处相切"，单击完成圆弧的绘制，则此时的圆弧与已知的直线相切，如图 2.29 所示。使用同样的方法可以绘制圆弧与其他几何体相切。

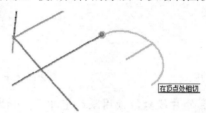

图 2.29　绘制与一条已知直线相切的圆弧

与圆相似，圆弧也是由正多边形组成的，同样可以在发出绘制圆弧的命令后立即在屏幕右下角的数值输入框中输入"片段数 s"来调整圆弧的片段数。

2.1.5　【多边形】工具

在 SketchUp 中，使用【多边形】工具可以创建边数大于 3 的正多边形。前面已经介绍过圆与圆弧都是由正多边形组成，所以边数较多的正多边形基本上就显示成圆形了，如图 2.30 所示，左侧为正十六边形，右侧为正三十二边形。

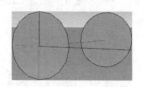

图 2.30　正多边形

创建正多边形的具体操作步骤如下（以创建正八边形为例）：

（1）单击工具栏中的【多边形】按钮，或者选择【绘图】→【多边形】命令，此时屏幕上的光标变为一支带多边形的铅笔。

（2）在屏幕右下角的数值输入框中输入"边数 s"，这里输入 8s，表示绘制正八边形，然后按 Enter 键。

（3）在屏幕上单击，以确认正八边形中心点的位置。

（4）移动光标到需要的位置，再次单击，以确认正八边形的半径。同样可以在屏幕右下角的数值输入框中输入正八边形的半径，然后按 Enter 键，用精确的尺寸绘制出正八边形。

注意：在 SketchUp 中，边数达到一定程度后，多边形与圆就没有什么区别了。这种弧形模型构成的方式与 3ds Max 是一致的。

2.1.6 【徒手画】工具

【徒手画】工具常用来绘制不规则的、共面的曲线形体。具体操作步骤如下：

（1）单击工具栏中的【徒手画】按钮，或者选择【绘图】→【徒手画】命令，此时屏幕上的光标变为一支带曲线的铅笔。

（2）在绘制图形的起点处单击并按住鼠标左键不放。

（3）移动光标以绘制所需要的徒手曲线，如图 2.31 所示。

图 2.31 绘制徒手曲线

（4）释放鼠标以完成徒手曲线的绘制。

注意：一般情况下很少使用【徒手画】工具，因为使用这个工具绘制的曲线很随意，非常难掌握。建议读者在 AutoCAD 中绘制完成这样的曲线，然后导入到 SketchUp 中进行操作。从 AutoCAD 导入 SketchUp 的方法在本书的下篇中将有介绍。

2.2 辅助定位工具

本节主要介绍【卷尺】和【量角器】这两个工具。这两个工具虽然不能直接用来绘图，但是其辅助定位功能十分强大，经常在绘图中使用。

2.2.1 卷尺

这个工具有两大功能：一是测量长度；二是绘制临时的直线形的辅助线。发出命令有两种方法：一种是直接单击工具栏中的【卷尺】按钮；另一种是选择【工具】→【卷尺】命令。测量长度的操作方法如下：

（1）单击工具栏中的【卷尺】按钮，发出命令，此时屏幕上的光标变成卷尺。

（2）在测量的起始点处单击。注意使用自动的捕捉工具。

（3）沿着所需要的方向移动光标，此时屏幕中会出现一根虚线形的临时测量方向轴。注意保证这个轴的方向与需要测量的方向一致。

（4）在测量长度的结束点处再次单击，完成测量，如图 2.32 所示。测量的长度将在屏幕右下角的数值输入框中显示。

使用【卷尺】工具可以创建以下两种常见的辅助线：

（1）线段的延长线。如图 2.33 所示，在发出命令后，用光标在需要延长线段的一个端点处拖出一条延长线，延长线的长度可以在屏幕右下角的数值输入框中输入。

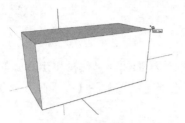
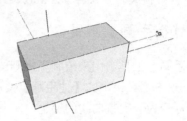

图 2.32　测量长度　　　　　　　　　图 2.33　线段的延长线

（2）直线偏移的辅助线。如图 2.34 所示，在发出命令后，用光标在需要偏移的直线处拖出一条无限长、虚线形的辅助线，偏移的距离可以在屏幕右下角的数值输入框中输入。

注意：辅助线间相交、辅助线与直线相交、辅助线与几何形体相交都会产生交点，这样的交点可以在绘图中自动捕捉，如图 2.35 所示。这是常用的使用辅助线定位点的技巧。

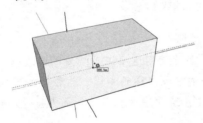
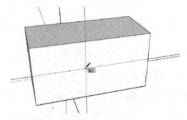

图 2.34　直线偏移的辅助线　　　　　　图 2.35　辅助线的交点

场景中往往会有大量的辅助线，如果不需用到辅助线，可以直接删除；如果辅助线在后面绘图中还要作为参照，可用以下的方法将辅助线隐藏起来。

（1）选择【视图】→【导向器】命令，使其处于取消选中状态，此时屏幕中所有的辅助线被隐藏，这样场景就显得简洁明了。

（2）如果需要显示隐藏的辅助线，可以选择【视图】→【导向器】命令，使其处于选中状态。

（3）图形全部绘制完成后，可以选择【编辑】→【删除导向器】命令，以删除场景中所有的辅助线。

注意：使用 SketchUp 建模时，大多情况下都是选择【编辑】→【删除导向器】命令作出辅助线以定点或定位。

2.2.2　量角器

【量角器】工具可以用来测量角度，也可以通过角度来创建所需要的辅助线。发出这个命令有两种方法：一种是直接单击工具栏中的【量角器】按钮 ；另一种是选择【工具】→【量角线】命令。

使用【量角器】工具测量角度的操作方法如下：

（1）单击工具栏中的【量角器】按钮，可以看到此时屏幕上的光标变成了一个量角器，量角器的中心点就是光标所在处，如图 2.36 所示。

（2）在场景中移动量角器，量角器会根据模型表面的变化自动改变其自身角度，如图 2.37 所示。当量角器满足需要的方向时，可以按住 Shift 键不放以锁定此方向。

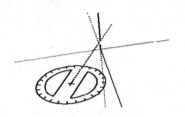

图 2.36　量角器的光标

图 2.37　量角器角度的变化

（3）在需要测量角度的顶点处单击，这时量角器会自动附着在上面，如图 2.38 所示。

（4）然后移动光标到需要测量角度的第一条边的一个关键点上，再次单击，以确认角度的第一条边，如图 2.39 所示。

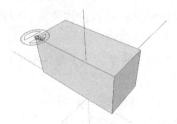

图 2.38　测量角度的顶点

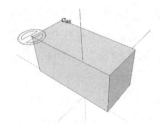

图 2.39　定位测量角度的第一条边

（5）转动光标到需要测量角度的第二条边的一个关键点上，第 3 次单击，以确认角度的第二条边，如图 2.40 所示。此时测量角度完成，可以在屏幕右下角的数值输入框中查看测量的角度数值，同时在所测量角度的第二条边处出现了一条辅助线。

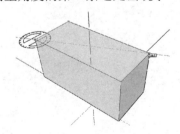

图 2.40　定位测量角度的第二条边

通过具体的角度来定位辅助线的操作方法如下：

（1）发出命令，在角度的顶点处单击，使量角器光标附着在角度上。

（2）然后移动光标到第一条边的一个关键点上，再次单击，以确认角度的第一条边。

（3）在屏幕右下角的数值输入框中输入需要创建角度的数值（注意逆时针方向转向的

角度为正，顺时针方向转向的角度为负），然后按 Enter 键。

（4）在屏幕中所定角度的位置上可以看到一条辅助线。

2.3 标　　注

谈到三维设计软件，读者往往喜欢把 SketchUp 与 3ds Max 相提并论。无疑，3ds Max 在三维功能与动画功能上更为强大，SketchUp 除前面讲过的一些优势外，本节将介绍更为强大的功能——标注。

不论是建筑设计还是室内设计，一般都可以归结为两个阶段，即方案设计和施工图设计。在方案设计阶段，需要绘制方案设计图，该图纸需要表达功能、空间、环境、结构、造型和材料的一个大体方案。而在施工图设计阶段，需要绘制施工图，施工图要求有大量详细的、精确的标注，因为工程施工人员需要依照施工图完成建筑施工。所以与 3ds Max 相比，SketchUp 的优势是可以绘制三维的施工图。

2.3.1　标注样式的设置

不同类型的图纸对标注样式要求不一样，所以在图纸中进行标注的第一步就必须设置需要的标注样式。具体操作步骤如下：

（1）选择【窗口】→【模型信息】命令，在弹出的【模型信息】对话框中选择【尺寸】选项卡，如图 2.41 所示。

（2）设置字体。单击【字体】按钮，弹出【字体】对话框，根据国家有关的建筑制图规范，选择【仿宋_GB2312】字体，字体的大小依照场景中模型的具体情况而定，如图 2.42 所示。单击【确定】按钮，完成字体的设置。

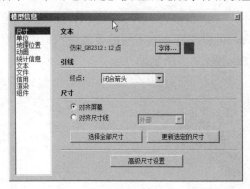
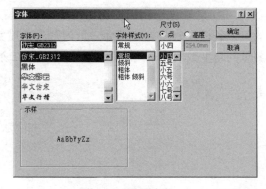

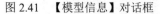

图 2.41　【模型信息】对话框　　　　　图 2.42　设置字体

（3）在【引线】栏中设置【终点】的样式，单击其后的下拉菜单按钮，出现如图 2.43 所示的 5 个选项，即【无】、【斜线】、【点】、【闭合箭头】和【开放箭头】。系统的默认设置是【闭合箭头】，如果没有特殊的要求可以不改变此项设置。

图 2.43　设置引线端点

（4）在【尺寸】栏中有【对齐屏幕】与【对齐尺寸线】两个单选按钮。【对齐屏幕】表示标注中的文字始终是处于水平状态的，如图 2.44 所示。选中【对齐尺寸线】单选按钮，激活其后的下拉列表，其中包括 3 个选项，即【上面】、【居中】和【外部】，依次如图 2.45～图 2.47 所示。【上面】指标注的文字在垂直于尺寸线上方；【居中】指标注的文字打断尺寸线并位于尺寸中间；【外部】指标注的文字垂直于尺寸线外部。最常用的尺寸是系统默认设置为【对齐屏幕】，这时尺寸总保持与屏幕垂直，并且总是面向观看者的方向，这种文字的标注方便在很复杂的场景中查找尺寸。

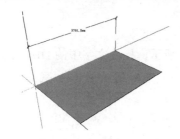

图 2.44　对齐屏幕

图 2.45　对齐尺寸线——上面

图 2.46　对齐尺寸线——居中

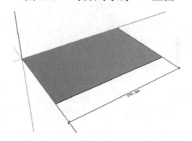

图 2.47　对齐尺寸线——外部

注意：使用 AutoCAD 和 SketchUp 绘制的建筑施工图是不一样的。使用 AutoCAD 绘制的建筑施工图是二维的，各类图形要素必须符合国标，而使用 SketchUp 绘制的施工图是三维的，只要便于查看即可。

2.3.2　尺寸标注

SketchUp 的尺寸标注是三维的。尺寸标注的引出点可以是端点、中点、交点和边线。可以标注 3 种类型的尺寸，即长度标注、半径标注和直径标注。发出标注命令有两种方法：

一种是直接单击工具栏中的【尺寸】按钮 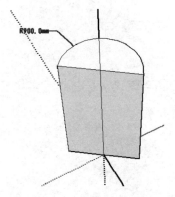；另一种是选择【工具】→【尺寸】命令。

1．长度的标注

具体操作步骤如下：

（1）单击工具栏中的【尺寸】按钮，发出命令。

（2）在长度标注的起点处单击。

（3）按照需要标注的方式移动光标。

（4）在长度标注的终点处再次单击。

（5）移动光标，将标注展开到模型旁以便于观察。

2．半径的标注

在 SketchUp 中，半径的标注主要针对圆弧形物体，具体操作步骤如下：

（1）发出标注命令。

（2）选择圆弧形物体的边界。

（3）移动光标，将半径标注拉出来，如图 2.48 所示，标注文字中的 R 表示半径。

3．直径的标注

在 SketchUp 中，直径的标注主要针对圆形物体，具体操作步骤如下：

（1）发出标注命令。

（2）选择圆形物体的边界。

（3）移动光标，将直径标注拉出来，如图 2.49 所示，标注文字中的 DIA 表示直径。

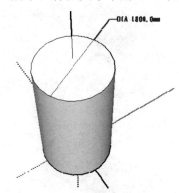

图 2.48　半径的标注　　　　　　　　图 2.49　直径的标注

注意：尺寸标注的数值是系统自动计算的，虽然可以修改（后面将介绍如何修改标注），但是一般情况下是不允许的。因为作图时必须按照场景中的模型与实际尺寸按 1:1 的比例来绘制。在这种情况下，绘图为多大的尺寸，在标注时就有多大。如果标注时发现模型的尺寸有误，应先对模型进行修改，然后再重新进行尺寸标注。

2.3.3　文本标注

在绘制设计图或施工图时，在图形元素无法正确表达设计意图时，可换用文本标注来表达，如材料的类型、细部的构造、特殊的做法和房间的面积等。

SketchUp 的文本标注有两大类型：系统文本标注与用户文本标注。系统文本标注是指标注的文本由系统自动生成，而用户文本标注是指标注的文本由用户手动输入。发出文本标注的命令有两种方法：一种是直接单击工具栏中的【文本】按钮 ，另一种是选择【工具】→【文本】命令。

系统文本标注的操作方法如下：

（1）单击工具栏中的【文本】按钮，发出命令，此时光标变成带文字提示的小箭头。

（2）在需要标注的地方单击并按住鼠标左键不放。一定要注意标注点的位置。

注意：如果此时直接在需要标注的位置双击，则标注的文字以不带箭头与引线的形式附着在物体上面，如图 2.50 所示。

（3）拖动光标，将文本标注移动到正确的摆放位置后释放鼠标。

（4）单击完成文本的标注，如图 2.51 所示。

图 2.50　双击标注

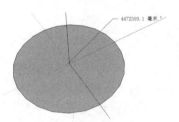

图 2.51　系统文本标注

注意：对封闭的面域进行系统文本标注时，系统将自动标上该面域的面积，如图 2.51 所示。对线段进行系统文本标注时，系统将自动标上线段的长度，如图 2.52 所示。对弧线进行系统文本标注时，系统将自动标上该点的坐标值，如图 2.53 所示。

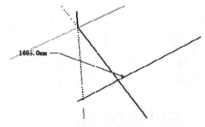

图 2.52　自动标注的线段长度

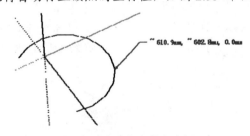

图 2.53　自动标注的点坐标

用户文本标注的操作方法如下：

（1）单击工具栏中的【文本】按钮，发出命令，此时光标变成带文字提示的小箭头。

（2）在需要标注的地方单击并按住鼠标左键不放。一定要注意标注点的位置。

（3）拖动光标，将文本标注移动到正确的摆放位置后释放鼠标。

（4）输入需要标注的内容，然后单击确认。

可以看到，用户文本标注与系统文本标注最大的区别就在于前者是自己输入的标注内容，而后者是系统定义的标注内容。

2.3.4 标注的修改

不论是尺寸标注还是文本标注，有时需要对标注的样式、文字进行修改。修改标注时，直接右击标注，弹出如图 2.54 所示的快捷菜单，然后从中选择相应的命令进行修改标注的操作。

修改编辑文字的具体操作步骤如下：

（1）直接右击标注。

（2）在弹出的快捷菜单中选择【编辑文本】命令，此时被选择的标注中的文字处于激活状态，如图 2.55 所示。

| 图 2.54   修改标注的右键菜单 | 图 2.55   编辑文字 |

（3）输入需要的代替文字内容，单击结束操作。

修改箭头的具体操作步骤如下：

（1）直接右击标注。

（2）在弹出的快捷菜单中选择【箭头】命令，继续弹出子菜单，如图 2.56 所示，可以看到当前的箭头形式是【关闭】。按照需要可以将箭头形式改为【无】、【点】、【关闭】或【打开】。

修改标注引线的具体操作步骤如下：

（1）直接右击标注。

（2）在弹出的快捷菜单中选择【引线】命令，继续弹出子菜单，如图 2.57 所示。按照需要可以将标注引线的形式设置为【基于视图】、【图钉】或【隐藏】。

图 2.56 【箭头】的子菜单　　　　　　图 2.57 【引线】的子菜单

2.4 物 体 变 换

一般来说，绘图软件的操作命令可分为两大类：一类是绘图命令；另一类是修改命令。本节将介绍修改命令。修改命令是在绘图命令的基础上对已经绘制的图形再进行编辑，以达到更为复杂形体的要求。

2.4.1 图元信息

在 SketchUp 中，通过【图元信息】对话框来显示图元信息。通过【图元信息】对话框不但可以查询物体的相关信息，还可以对物体的某些特性进行修改。相对于选择物体或物体的集合的不同，【图元信息】中的相关内容也不一样，但不论哪一种【图元信息】对话框，都包括【图层】与【隐藏】两个选项，所以可以通过【图元信息】对话框更改物体的图层与隐藏被选择的物体。

打开【图元信息】对话框的方法有两种：一种是右击选择的物体，然后在弹出的快捷菜单中选择【图元信息】命令；另一种是先选择物体，然后选择【窗口】→【图元信息】命令。

下面介绍几种常用类型物体的【图元信息】对话框。

（1）直线物体的【图元信息】对话框如图 2.58 所示，其中包括【长度】文本框，用于查询与更改直线物体的长度。

（2）圆弧物体的【图元信息】对话框如图 2.59 所示，其中包括【半径】和【段】文本框，用于查询更改物体的半径值和片段数。

图 2.58 直线物体的【图元信息】对话框　　图 2.59 圆弧物体的【图元信息】对话框

（3）面域物体的【图元信息】对话框如图 2.60 所示，其中包括【面积】文本框，用于查询面域的面积。

（4）多个物体组成集后的【图元信息】对话框如图 2.61 所示。

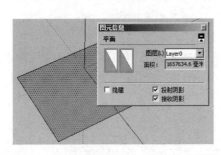

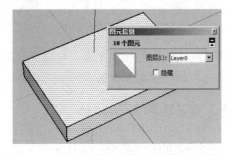

图 2.60 面域物体的【图元信息】对话框　　图 2.61 多重物体的【图元信息】对话框

2.4.2 拆分物体

在 SketchUp 中，可以对线形物体进行拆分，包括直线、圆、圆弧和正多边形。对直线进行拆分的操作方法如下：

（1）右击选择的物体，弹出如图 2.62 所示的快捷菜单。

（2）选择【拆分】命令，将光标沿着直线上下移动，这时系统会自动按照光标移动的位置来判断需要拆分的段数，如图 2.63 所示。

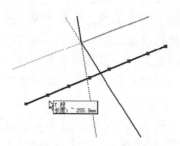

图 2.62　快捷菜单 　　　　　　　　　图 2.63　等分的段数

（3）一般情况下使用输入分段数来等分直线。在屏幕右下角的数值输入框中输入 2，表明将此直线分成两段，按 Enter 键，如图 2.64 所示。

还可以使用同样的方法对圆、圆弧和正多边形进行拆分。如图 2.65 所示是对正多边形的物体进行拆分。

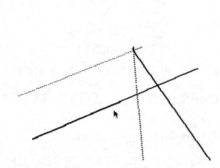

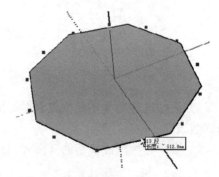

图 2.64　直线分成两段 　　　　　　　　图 2.65　对正多边形进行拆分

🔔注意：对物体进行拆分后，分段点就是端点，这个点可以用来捕捉，这也是绘图时常用的一种定位方法。

2.4.3　移动和复制物体

在 SketchUp 中对物体进行移动和复制操作是通过一个命令完成的，只是具体的操作方法有些不一样。发出移动或复制物体的命令有两种方法：一种是直接单击工具栏中的【移动/复制】按钮🔧；另一种是选择【工具】→【移动】命令。

对物体进行移动/复制操作也有两种方法：一种是先选择物体，再选择【移动/复制】命令；另一种是先选择【移动/复制】命令，再选择物体。建议初学者使用第一种方法。

移动物体的操作方法如下：

（1）选择需要移动的物体，此时物体处于被选择状态。

（2）单击工具栏中的【移动/复制】按钮，发出移动命令，此时光标变成一个四方向的箭头。

（3）单击物体，单击的那一点就是物体移动的起始点。

（4）向着需要移动的方向移动光标即可移动物体，如图 2.66 所示。

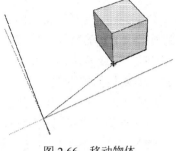

🔈注意：最常见的移动方向就是 X、Y、Z 坐标轴向，移动到坐标轴方向上后，可以按住 Shift 键不放，以锁定移动方向。

图 2.66 移动物体

（5）在目标位置点处再次单击，以完成对物体的移动。

🔈注意：在作图时往往会使用精确距离的移动，在移动物体时锁定移动方向后，可以在屏幕右下角的数值输入框中输入需要移动的距离，然后按 Enter 键，这时物体就会按照指定的距离进行精确的移动。

复制物体操作与移动物体类似。这里以复制 3 个立方体（边长为 100），相互之间的距离为 200 为例，来说明复制物体的操作。

（1）选择需要复制的立方体，此时物体处于被选择状态。

（2）单击工具栏中的【移动/复制】按钮，发出移动命令。

（3）单击立方体，单击的那一点就是物体移动的起始点。

（4）按住 Ctrl 键不放，向着需要移动的方向移动光标，可以看到此时的光标变成一个带有 "+" 号的四方向箭头，表明此时是复制物体，如图 2.67 所示。

（5）在屏幕右下角的数值输入框中输入 200，表明复制移动的距离是 200，按 Enter 键。

（6）在屏幕右下角的数值输入框中输入 3x，表明除原物体外一共复制 3 个物体，按 Enter 键完成操作，如图 2.68 所示。

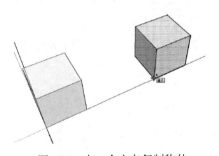

图 2.67 向一个方向复制物体

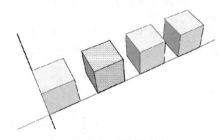

图 2.68 复制物体

🔈注意：这种配合 Ctrl 键来复制物体的方法经常用到。除此之外，使用工具栏中的 ✂🗐📋（【剪切】、【复制】、【粘贴】）3 个按钮同样可以达到复制物体的目的，这 3 个按钮的操作方法与 Windows 的操作方法一致。但使用这 3 个按钮对物体进行复制和粘贴无法达到精确作图的目的，所以很少用到，这里请读者自行练习使用。

2.4.4　偏移物体

【偏移】工具可以将在同一平面中的线段或面域沿着一个方向偏移一个统一的距离，并复制出一个新的物体。偏移的对象可以是面域、两条或两条以上首尾相接的线形物体集合、圆弧、圆或多边形。发出偏移复制物体的命令有两种方法：一种是直接单击工具栏中的【偏移/复制】按钮；另一种是选择【工具】→【偏移】命令。

偏移一个面域的操作方法如下：

（1）选择需要偏移的面域，此时面域处于被选择状态。

（2）单击工具栏中的【偏移/复制】按钮，发出偏移命令，此时屏幕上的光标变成两条平行的圆弧。

（3）单击并按住鼠标左键不放，在屏幕上移动光标，可以看到面域随着光标的移动发生偏移，如图 2.69 所示。

（4）当移动到需要的位置时释放鼠标左键，可以看到面域中又创建了一个长方形，而且由原来的一个面域变成了两个，如图 2.70 所示。

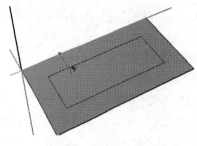 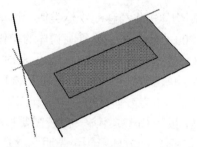

图 2.69　光标的移动　　　　　　　　　图 2.70　面域的偏移

正多边形和圆形的偏移与面域的偏移操作一致，在此不再赘述，请读者自行练习。

🔔注意：在实际操作中，可以在偏移时根据需要在屏幕右下角的数值输入框中输入物体偏移的距离，再按 Enter 键，以达到精确偏移的目的。

❑　一条直线或多条相交的直线是无法进行偏移的，会出现如图 2.71 所示的提示。

❑　圆弧的偏移操作如图 2.72 所示。

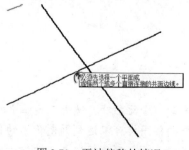 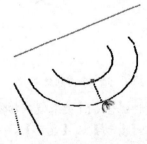

图 2.71　无法偏移的情况　　　　　　　图 2.72　圆弧的偏移

❑　两条或两条以上首尾相接直线的偏移操作如图 2.73 所示。

❑　对直线与圆弧组合进行的偏移操作如图 2.74 所示。

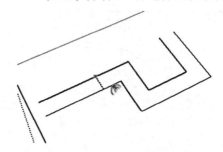

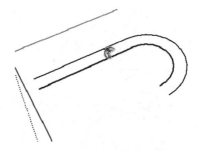

图 2.73　直线的偏移　　　　　　　　　　图 2.74　直线与圆弧组合的偏移

🔔注意：在实际的操作中，面域偏移的操作要远远多于对线形物体偏移的操作，这主要因为 SketchUp 是以"面"建模为核心的。

2.4.5　缩放物体

使用【缩放】工具可以对物体进行放大或缩小，缩放可以是 X、Y、Z 3个轴向同时进行的等比缩放，也可以是以锁定其中任意两个轴向或锁定单个轴向的非等比缩放。发出缩放物体的命令有两种方法：一种是直接单击工具栏中的【拉伸】按钮；另一种是选择【工具】→【调整大小】命令。被缩放的物体可以是三维的，也可以是二维的。

对三维物体等比缩放的操作方法如下：

（1）选择需要缩放的三维物体。

（2）单击工具栏中的【拉伸】按钮，发出缩放命令，此时光标变成缩放箭头，而需要操作的三维物体被缩放栅格所围绕，如图 2.75 所示。

（3）将光标移动到对角点处，此时光标处会出现提示"统一调整比例　在对角点附近"，表明此时的缩放为 X、Y、Z 这 3 个轴向同时进行的等比缩放，如图 2.76 所示。

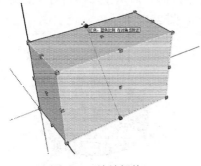

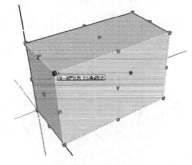

图 2.75　缩放栅格　　　　　　　　　　　图 2.76　等比缩放

（4）单击并按住鼠标左键不放，在屏幕上移动光标，向下移动是缩小，向上移动是放大，当物体缩放到需要的大小时释放鼠标左键，以结束缩放操作。

🔔注意：在缩放时可以根据需要在屏幕右下角的数值输入框中输入物体缩放的比例，再按 Enter 键，以达到精确缩放的目的。比例小于 1 为缩小，大于 1 为放大。

对三维物体锁定 Y-Z 轴（绿/蓝色轴）的非等比缩放的操作如图 2.77 所示。

对三维物体锁定 X-Z 轴（红/蓝色轴）的非等比缩放的操作如图 2.78 所示。

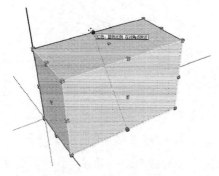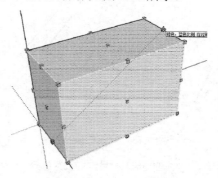

图 2.77　Y-Z 轴的非等比缩放　　　　　图 2.78　X-Z 轴的非等比缩放

对三维物体锁定 X-Y 轴（红/绿色轴）的非等比缩放的操作如图 2.79 所示。

对三维物体锁定单个轴向（以绿色轴为例）的非等比缩放的操作如图 2.80 所示。

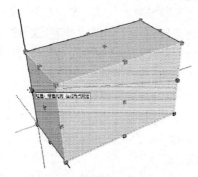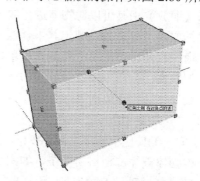

图 2.79　X-Y 轴的非等比缩放　　　　　图 2.80　单个轴向的缩放

二维空间是由两个轴组成的，对二维物体进行缩放时，对两个轴向进行等比缩放，如图 2.81 所示；而对任意一个轴向进行非等比缩放，如图 2.82 所示。

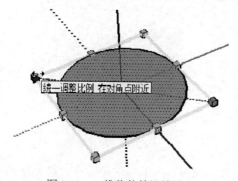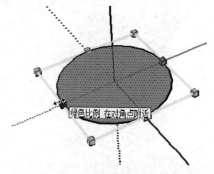

图 2.81　二维物体等比缩放　　　　　图 2.82　二维物体非等比缩放

注意：在屏幕右下角的数值输入框中输入的物体缩放的比例如果是负值，此时物体不但要被缩放，而且还会被镜像。

2.4.6 旋转物体

【旋转】工具可以对单个物体或多个物体的集合进行旋转，也可以对一个物体中的某一个部分进行旋转，还可以在旋转的过程中对物体进行复制。发出旋转物体的命令有两种方法：一种是直接单击工具栏中的【旋转】按钮；另一种是选择【工具】→【旋转】命令。

对物体进行旋转的具体操作步骤如下：

（1）选择需要旋转的物体或物体集。

（2）单击工具栏中的【旋转】按钮，发出旋转命令，此时屏幕中的光标变成了量角器，如图 2.83 所示。

图 2.83 量角器光标

（3）移动光标到旋转的轴心点处单击，以指定旋转轴，如图 2.84 所示。

（4）移动光标到所需要的位置再次单击，这个定位点与旋转轴心形成了旋转参照边。

（5）旋转光标到需要的位置再次单击，完成旋转操作，如图 2.85 所示。

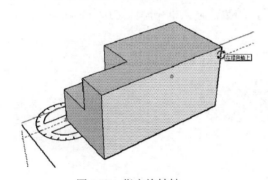

图 2.84 指定旋转轴

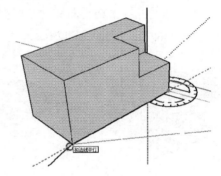

图 2.85 对物体进行旋转

注意：在旋转物体时可以根据需要在屏幕右下角的数值输入框中输入物体旋转的角度，再按 Enter 键，以达到精确旋转的目的。角度值为正，表示顺时针旋转；角度值为负，表示逆时针旋转。

旋转时复制物体的具体操作步骤如下：

（1）选择需要旋转的物体或物体集。

（2）单击工具栏中的【旋转】按钮，发出旋转命令，此时屏幕上的光标变成了量角器。

（3）按住 Ctrl 键不放，移动光标到旋转的轴心点处单击，以完成旋转轴的指定，此时可以看到光标上多了一个"+"号，表明是在复制物体。

（4）移动光标到所需要的位置再次单击，这个定位点与旋转轴心形成了旋转参照边。

（5）旋转光标到需要的位置再次单击，在完成旋转操作的同时，可以看到场景中出现了复制的物体，如图 2.86 所示。

（6）在屏幕右下角的数值输入框中输入 x5，表明以这个旋转角度复制 5 个物体，按 Enter 键，如图 2.87 所示，场景中除原物体外还有 5 个复制的物体。

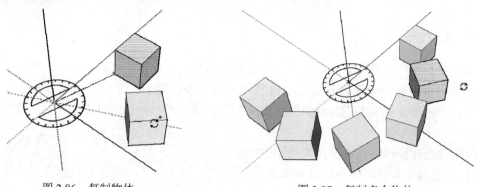

图 2.86　复制物体

图 2.87　复制多个物体

对物体的某一个部分进行旋转的操作步骤如下：

（1）如图 2.88 所示，场景中的正六边形由两个面组成，现在将右侧被选中的三角形的面旋转 30°。

（2）发出旋转命令，并调整视图到容易观察的地方，选择旋转轴，如图 2.89 所示。

（3）移动光标，旋转面域，在屏幕右下角的数值输入框中输入 30，表明这个面旋转 30°，按 Enter 键，如图 2.90 所示。

图 2.88　旋转的一个面　　　　图 2.89　选择旋转轴　　　　图 2.90　旋转 30°

🔔注意：（1）如果旋转复制物体时将复制的物体旋转到如图 2.91 所在的位置上，然后在屏幕右下角的数值输入框中输入/5，表明共复制 5 个物体，按 Enter 键，并且在原物体与新物体间以四等分排列，如图 2.92 所示。这就是等分旋转复制，关键是要在数值输入框中输入的形式为"/个数"或"个数/"。

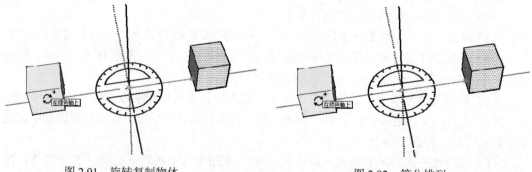

图 2.91　旋转复制物体

图 2.92　等分排列

（2）在旋转定位旋转轴时，有时非常困难，这时可以适当调整视图窗口以方便观察与作图，如果量角器的角度正确，可以按住 Shift 键不放，以锁定方向。

第3章 建模思路

SketchUp 作为三维设计软件，绘制二维图形只是用作铺垫，其最终目的还是要建立三维模型。在 SketchUp 中建模的总体思路是从二维到三维，即先绘制好二维图形，然后使用三维操作命令将二维图形转换成三维模型。

SketchUp 的三维操作命令很少，但却很实用，能解决很复杂的问题。当然，SketchUp 也有其自身的缺陷，有时需要借助 3ds Max、AutoCAD 等软件来共同完成复杂的场景。

3.1 以"面"为核心的建模方法

在 3ds Max 中，模型可以是多边形、片面和网格的一种或几种形式的组合等，但是在 SketchUp 中，模型都是由"面"组成的。所以在 SketchUp 中的建模是紧紧围绕着以"面"为核心的方式来操作的。这种操作方式的优点是模型很精简，操作起来很简单，但缺点是很难建立形体奇特的模型。

3.1.1 单面的概念

由于 SketchUp 是以"面"为核心的建模方法，所以首先必须要了解什么是"面"。在 SketchUp 中，只要是线形物体（如直线、圆、圆弧）组成了一个封闭、共面的区域，会自动地形成一个面，这就是"面"，如图 3.1 所示。

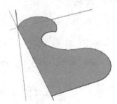

图 3.1 自动形成面

🔔注意：有时封闭的、共面的线形物体无法形成面，这时需要进行补线，特别是使用 AutoCAD 绘制的线形物体导入 SketchUp 中时，经常会出现这样的问题。补线的目的就是重新指定一次封闭的区域，具体操作在本书后面的章节中将会介绍。

一个"面"实际上由两部分组成，即正面与反面。正面与反面是相对的，一般情况下需要渲染的面或重点表达的面是正面。如图 3.2 所示，场景中有两个面，一个是水平的面，其反面面向读者；另一个是垂直的面，其正面面向读者。

面为什么要用"正面"与"反面"区别开来解释呢？这主要是在渲染过程中需要解决一个难题。渲染器在渲染一个场景时，是对场景中的每个面进行光能运算。通常有两种渲染方式：一种是对正面与反面都进行渲染的"双面渲染"方式；另一种是只针对正面进行渲染的"单面渲染"方式。

三维设计软件渲染器的默认设置一般都是"单面渲染"。如图 3.3 所示，3ds Max 在默认情况下，扫描线渲染器对话框中的【强制双面】复选框是未选中的。由于面数成倍增加，"双面渲染"比"单面渲染"要多花一倍的计算时间。所以为了节省作图时间，设计师在绝大多数情况下都是使用"单面渲染"方式。

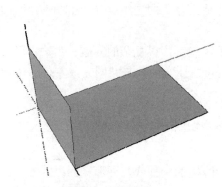

图 3.2　面的组成

图 3.3　双面渲染

如果单独使用 SketchUp 作图，可以不考虑"单面"与"双面"问题，因为 SketchUp 没有渲染功能。设计师往往会将 SketchUp 用作一个"中间软件"，即在 SketchUp 中建模，然后导入到其他的渲染器中进行渲染，如 Lightscape、3ds Max 等。在这样的思路指引下，用 SketchUp 作图时，必须对所有的面进行统一处理，否则进入到渲染器后，导致正反面不一致，将无法完成渲染。

🔔注意：将 SketchUp 的模型导入到 3ds Max 后就变成了 Editable Mesh（可编辑的网格），这是非常简洁的单面模型。这些方法在本书下篇会有详细的介绍。相比目前比较流行的单面建模法，如 3ds Max 的 Editable Poly（可编辑的多边形）、ArchiCAD 和 AutoCAD，都不如 SketchUp 建立单面模型的速度快、面的数量少。

3.1.2　正面与反面的区别

在 SketchUp 中，通常用黄色或者白色的表面表示正面，用蓝色或者灰色的表面表示反面。如果需要修改正、反面显示的颜色，可选择【窗口】→【样式】命令，在弹出的【样式】对话框中选择【编辑】选项卡，然后选择【平面】选项，调整【正面颜色】与【背面颜色】，如图 3.4 所示。

图 3.4　调整正、反面显示的颜色

用颜色来区分正、反面只不过是事物的外表。要真正理解正、反面的本质区别，就需要在 3ds Max 中观察显示的效果。如图 3.5 所示，场景中有一个由 4 个面所组成的物体，这 4 个面的正面都是向内的，反面都是向外的，如果是"双面显示"，则正、反面都能被看到。

而"单面显示"的效果却不同，上文提到过这个场景的 4 个面是正面向内、反面向外，此时顶部的面由于是反面面对着观测者，所以看不到，而左右两个侧面与底面是正面面对着观测者，所以能看到，如图 3.6 所示。然后再转动观测角度，形成如图 3.7 所示的样式。在左侧的图中，底面与一个侧面的正面面向观测者，所以能够看到；在右侧的图中，底面、顶面和一个侧面的正面面向观测者，所以能够看到。

图 3.5　双面显示

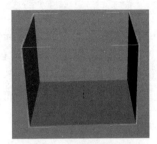

图 3.6　单面显示（一）

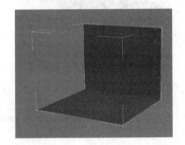

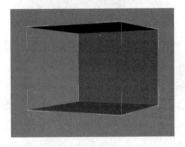

图 3.7　单面显示（二）

从这几个单面显示的例子中可以得出结论：在单面显示状态下，面对着观测者并且可以看到的面就是正面。

注意：在 3ds Max 的默认情况下，只渲染正面而不渲染反面。所以在作室内设计图时，要把正面向内；而在绘制室外建筑图时，正面要向外，而且正面与反面一定要统一方向。

3.1.3　面的翻转

在绘制室内效果图时，需要表现的是室内墙面的效果，所以这时的正面需要向内。在绘制室外效果图时，需要表现的是外墙的效果，所以这时的正面需要向外。在默认情况下，SketchUp 将黄色的正面设置在外侧。

如图 3.8 所示，场景中有一个长方体，黄色的正面是向外的。如果是绘制室外效果图，可以不用调整；如果绘制室内效果图，则需要反转平面。具体操作步骤如下：

（1）右击任意一个面，在弹出的快捷菜单中选择【反转平面】命令，将选择的黄色的正面翻转到里面去，而蓝色的反面显示在外侧，如图 3.9 所示。

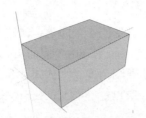

图 3.8　正面向外的长方体　　　　　　　　图 3.9　将一个面翻转

（2）右击这个面，在弹出的快捷菜单中选择【确定平面的方向】命令，此时这个长方体所有的黄色正面都向内，而所有的蓝色反面都显示在外侧，如图 3.10 所示。

还可使用以下的方法来翻转面：

（1）三击长方体的任意一个面，此时这个长方体相关联的所有面都被选择，如图 3.11 所示。

图 3.10　确定平面的方向　　　　　　　　图 3.11　三击长方体选择面

（2）右击被选择的长方体，在弹出的快捷菜单中选择【反转平面】命令，此时这个长方体所有的面将全部翻转。

注意：使用一次【确定平面的方向】命令，只能针对相关联的物体，如图 3.12 所示。如果场景中还有其他物体，需要再进行一次操作。

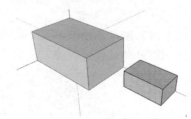

图 3.12　【确定平面的方向】命令针对的物体

3.1.4　面的移动与复制

SketchUp 是以"面"为核心来建模的，因此对于面的操作就显得格外重要，特别是面的移动与复制。面的移动的具体操作步骤如下：

（1）对场景中一个长方体的任意一个面，直接使用【移动/复制】工具进行锁定蓝色轴的移动，如图 3.13 所示。

（2）把所选择的面移动到需要的位置时释放鼠标，可以看到这时模型的拓扑关系并没有发生改变，如图 3.14 所示。

图 3.13 移动面 图 3.14 移动后的物体

（3）在屏幕右下角的数值输入框中输入需要移动的距离，以达到精确移动面的目的。

💭注意：一般来说，在建筑设计与室内设计中，由于墙体的几何关系，对于面的移动都会
锁定一个轴向进行操作，即与 X、Y、Z 轴中的任意一个轴平行进行移动。

对于面的复制，具体操作步骤如下：

（1）单击工具栏中的【移动/复制】按钮，并且按住 Ctrl 键不放，此时光标上出现一
个 "+" 号，再选择场景中的一个面，如图 3.15 所示。

（2）按住鼠标左键不放，移动光标拖出一个新面，如图 3.16 所示。

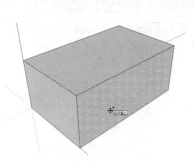

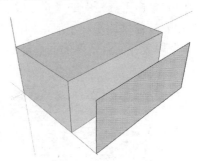

图 3.15 选择要复制的面 图 3.16 面的复制

💭注意：可以在屏幕右下角的数值输入框中输入需要移动的距离，也可以在数值输入框中
输入 "x 个数" 的方式来复制多个面。如输入 x3，表示复制 3 个面，如图 3.17
所示。

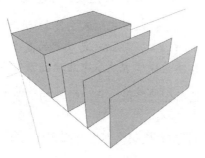

图 3.17 复制多个面

3.2　生成三维模型的主要工具

建立三维模型的一般思路是先绘制出二维的底面图，然后生成三维模型。相比 3ds Max 中复杂而繁多的三维模型生成命令，SketchUp 通过使用【推/拉】和【跟随路径】工具就能基本解决从二维到三维的问题。

3.2.1　【推/拉】工具

相比【跟随路径】工具，【推/拉】工具的作用更强大。在将二维图形生成三维图形的过程中，90%以上的操作要用到【推/拉】工具。SketchUp 中的【推/拉】工具作用类似于 3ds Max 中的 Extrude（挤出）命令，只不过其操作更直观一些。

使用【推/拉】工具可以推/拉面以增加厚度，使之成为三维模型，还可以增加或减少三维模型的体积。发出【推/拉】命令有两种方法：一是单击工具栏中的【推/拉】按钮 ；二是选择【工具】→【推/拉】命令。将二维模型推/拉成三维模型的操作方法如下：

（1）单击工具栏中的【推/拉】按钮，然后选择需要推/拉的面，如图 3.18 所示。

（2）按住鼠标左键不放，向着需要推/拉的方向移动光标，可以看到此时选择的面增加了一个厚度，而且新增的面会随着光标的移动而移动，如图 3.19 所示。

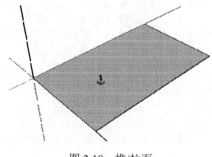

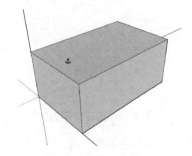

图 3.18　推/拉面　　　　　　　　　　　　　　图 3.19　从二维到三维

（3）在适当的位置释放鼠标左键，即可完成三维建模的建立。

🔔注意：可以在屏幕右下角的数值输入框中输入需要推/拉面的距离。例如，输入 3000，表明推/拉 3000mm 的高度，实际上就是房间的高度。设计中常用这样的方法建立室内的空间模型。具体的操作方法本书后面的章节中会有介绍。

在三维模型中推/拉面，是指在保持形体几何特征的情况下对面进行移动。具体操作方法如下：

（1）单击工具栏中的【推/拉】按钮，然后选择需要推/拉的面，如图 3.20 所示。这里选择此模型中凹进去的那个面。

（2）按住鼠标左键不放，向着需要推/拉的方向移动光标，可以看到不仅是面随着移动，整个物体都随着发生变化，如图 3.21 所示。

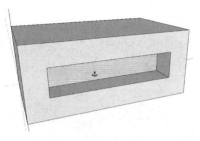
图 3.20　推/拉三维的面

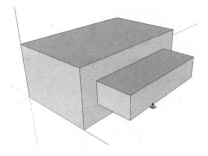
图 3.21　物体随之变化

（3）在适当的位置释放鼠标左键，可以观测到面的变化，但是整个物体的几何关系没有改变。

🔔注意：三维模型中对面进行推/拉与使用【移动/复制】工具对面进行的操作类似，只不过在推/拉面时的方向必须与面保持垂直，而移动/复制面时的方向可以随意变化。

用推/拉的方法在三维模型中创建新的面。具体操作方法如下：

（1）单击工具栏中的【推/拉】按钮，然后按住 Ctrl 键不放选择需要推/拉的面，可以看到屏幕上光标的旁边出现了一个"＋"号，表明此时是在复制物体。

（2）按住鼠标左键不放，向着需要的方向移动光标，产生一个新的面，如图 3.22 所示。

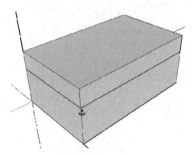

图 3.22　用推/拉的方法在三维模型中创建新的面

（3）在需要的位置释放鼠标左键，完成面的创建。

🔔注意：使用【推/拉】工具绘图是最重要的三维建模方法，可以有很多种应用，请读者结合实例多加练习，只有在练习中才能更好地掌握。

3.2.2　【跟随路径】工具

"跟随路径"是指将一个截面沿着某一指定线路进行拉伸的建模方式，与 3ds Max 中的 Loft（放样）命令有些类似，是一种很传统的从二维到三维的建模工具。发出【跟随路径】命令有两种方式：一是单击工具栏中的【跟随路径】按钮 🔄；二是选择【工具】→【跟随路径】命令。

使用【跟随路径】工具使一个截面沿着某一指定曲线路径进行拉伸的具体操作方法如下：

（1）单击工具栏中的【跟随路径】按钮，发出命令。

（2）根据状态栏中的提示单击截面，以选择拉伸面，如图 3.23 所示。

（3）将光标移动到作为拉伸路径的曲线上，这时可以看到曲线变红，表明【跟随路径】命令已经锁定路径了，沿着曲线慢慢地移动光标，可以看到截面也随着逐步地拉伸，如图 3.24 所示。

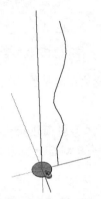

图 3.23　选择拉伸面　　　　　　　　　　　　图 3.24　选择路径

（4）移动光标到需要的位置，再次单击，完成跟随路径的操作。

使用【跟随路径】工具使一个截面沿某一表面路径进行拉伸的具体操作方法如下：

（1）单击工具栏中的【跟随路径】按钮，发出命令。

（2）然后根据状态栏中的提示单击截面，以选择拉伸面。本例的截面为长方体左上角的一个圆弧角，如图 3.25 所示。

🔔注意：这时的路径不是曲线而是一个面，操作略有不同。

（3）按住 Alt 键不放，将光标移动到顶部的面，这时系统会自动判断表面，这个面就作为路径的表面，如图 3.26 所示。

图 3.25　选择截面　　　　　　　　　　　　图 3.26　选择作为路径的表面

🔔注意：按住 Alt 键进行选择是选择表面路径。

（4）再次单击鼠标，表明确认选择作为路径的表面，结束操作，如图 3.27 所示。

🔔注意：常用这种方法来制作室内墙体的顶角欧式石膏线角。

在 SketchUp 中并没有直接绘制球体的工具，但是球体这个特殊的几何体有时又需要出现在场景中，这就需要使用【跟随路径】命令。具体操作方法如下：

（1）绘制如图 3.28 所示的两个半径相同且相交垂直的圆形。

图 3.27　一个截面沿着一个表面路径进行拉伸　　　　图 3.28　绘制两个圆形

注意：由于两个圆是相交垂直的关系，在绘制第二个圆时，一定要将视图调整到容易操作的位置，否则绘圆时两圆无法成 90°相交。

（2）单击工具栏中的【跟随路径】按钮，发出命令。

（3）选择纵向的圆为拉伸面，如图 3.29 所示。

（4）按住 Alt 键不放，单击水平的圆，表明选择此圆作为路径的表面，完成跟随路径操作，形成球体，如图 3.30 所示。

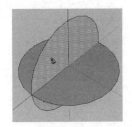

图 3.29　选择拉伸面　　　　　　　　　图 3.30　球体的绘制

SketchUp 中的【推/拉】与【跟随路径】两个三维建模工具看似很简单，实际上却可以解决很多问题，可以建立很多复杂的模型。

3.3　举例说明三维建模的一般方法

本节主要简单介绍室内与室外两种建模的一般方法，更加详细的介绍会在中篇中讲解。前面讲过 SketchUp 是使用单面的建模法，所以在室内建模与室外建模时在面上会有明显的区别：室内模型墙面的正面是向内的，而室外模型墙面的正面是向外的。

3.3.1　室内模型的建立

在绘制室内设计图时，由于需要表达内墙的效果，所以必须将墙体模型中黄色的正面向内进行翻转。下面来绘制一个进深为 4200mm，开间为 5400mm，层高为 3000mm 的室内简单空间构架。具体操作步骤如下：

（1）设置绘图环境。选择【窗口】→【模型信息】命令，在弹出的【模型信息】对话框中选择【单位】选项卡，设置参数如图 3.31 所示。

图 3.31 设置绘图单位

（2）单击工具栏中的【矩形】按钮，在绘图区中依次单击矩形的两个对角点，绘制出矩形，然后在屏幕右下角的数值输入框中输入"5400，4200"，按 Enter 键，可以看到屏幕上出现了一个 5400mm×4200mm 的矩形，如图 3.32 所示。

（3）单击工具栏中的【推/拉】按钮，再单击绘制好的矩形面并按住鼠标左键不放，拖动鼠标向上移动到需要的位置后释放鼠标左键，然后在屏幕右下角的数值输入框中输入 3000，表示将面向上拉伸 3000mm，按 Enter 键，如图 3.33 所示。

图 3.32 绘制 5400mm×4200mm 的矩形

图 3.33 将面向上拉伸 3000mm

（4）选择此模型的任意一个面右击，在弹出的快捷菜单中选择【反转平面】命令，此时被选择面的黄色正面将翻转到模型内侧，而蓝色的反面将翻转到外侧，如图 3.34 所示。

（5）再次右击这个面，在弹出的快捷菜单中选择【确定平面的方向】命令，此时模型中所有的黄色正面会转到内侧，而所有蓝色的反面会翻转到外侧，如图 3.35 所示。此时一个进深为 4200mm，开间为 5400mm，层高为 3000mm 的室内基本模型建立完成。

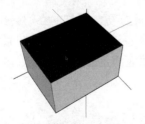

图 3.34 反转平面

图 3.35 确定平面的方向

（6）右击顶面，在弹出的快捷菜单中选择【隐藏】命令，然后隐藏顶部的面，便于作图，如图 3.36 所示。

（7）转动视图，以便观察作图。使用【卷尺】工具，将一条边向左侧移动拉出多条辅助线，如图 3.37 所示。

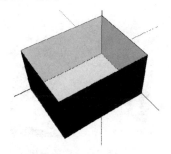

图 3.36　隐藏顶面

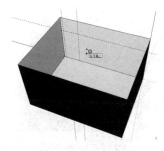

图 3.37　拉出辅助线

（8）使用【卷尺】工具，将边线向左侧依次建立偏移距离为 120mm 和 1000mm 的两条辅助线（120mm 为门垛度、1000mm 为门宽），将底线向上建立偏移距离为 2100mm 的一条辅助线（2100mm 为门高），如图 3.38 所示。绘制这 3 条辅助线是为了定位门的位置。

（9）使用【矩形】工具，以辅助线为参照，绘制出门的轮廓线，如图 3.39 所示。

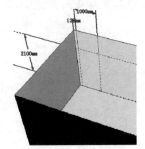

图 3.38　建立门的辅助线

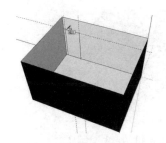

图 3.39　绘制门的轮廓

（10）使用【推/拉】工具，将门向内侧推 100 个单位，这就是门框的厚度，如图 3.40 所示。

（11）转动视角，以便操作时方便观察。使用【卷尺】工具，将底线向上依次建立偏移距离为 800mm 和 1500mm 的两条辅助线（800mm 为窗台高、1500mm 为窗高），如图 3.41 所示。

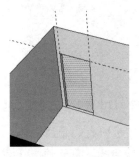

图 3.40　推出门框厚度

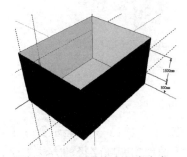

图 3.41　绘制出窗高与窗台高

（12）使用【矩形】工具，以辅助线为参照，绘制出窗的轮廓线，如图 3.42 所示。

（13）使用【推/拉】工具，将窗向外侧推 100 个单位，这就是窗的厚度，如图 3.43 所示。

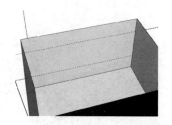

图 3.42　窗的轮廓线

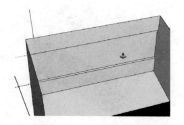

图 3.43　推出窗的厚度

（14）选择【视图】→【导向器】命令，将场景中的辅助线全部隐藏起来，以便作图。

（15）下面来绘制踢脚线。旋转视图，将房间的底面向上，以便于观察。使用【推/拉】工具，按住 Ctrl 键不放，单击底面并按住鼠标左键向上移动，如图 3.44 所示。

（16）在屏幕右下角的数值输入框中输入 120，按 Enter 键，此时复制的面偏移距离为 120，表明踢脚线的高度为 120mm。

（17）旋转视图成俯视方向，将复制的面删除，只留下踢脚线的轮廓，如图 3.45 所示。

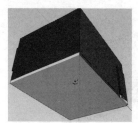

图 3.44　向上复制底面

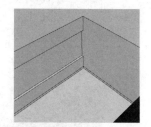

图 3.45　踢脚线的轮廓

（18）删除门这一侧多余的踢脚线轮廓，如图 3.46 所示。

🔔注意：在实际施工过程中，门洞这里是没有踢脚线的。

（19）使用【推/拉】工具，将踢脚线的轮廓线向外拉 40 个单位，如图 3.47 所示。

图 3.46　删除多余的踢脚线轮廓

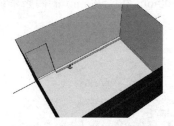

图 3.47　拉出踢脚线的厚度

（20）选择【编辑】→【显示】→【全部】命令，显示所有的隐藏物体。

（21）下面使用跟随路径的方法来绘制房间顶部的顶角线。首先使用【圆弧】工具在房间的一个角上绘制出如图 3.48 所示的顶角线的轮廓线，这是由两个相接的圆弧所组成的。

（22）单击工具栏中的【跟随路径】按钮，发出命令。然后单击绘制好的拉伸面，如

图 3.49 所示。

图 3.48　顶角线的轮廓线

图 3.49　选择拉伸面

（23）按住 Alt 键不放，将光标移动到屋顶的面，这时系统会自动判断表面，这个面就是作为路径的表面，如图 3.50 所示。

（24）单击屋顶的表面，完成跟随路径操作，如图 3.51 所示。此时的顶角线绘制完成。

图 3.50　选择作为路径的表面

图 3.51　完成顶角线的绘制

（25）选择【编辑】→【辅助线】→【删除】命令，将场景中的辅助线全部删除（这是因为图形已经绘制完成，不再需要辅助线了）。

（26）调整视图，整体观测，单击工具栏中的【X 射线】按钮，便于观察模型的整体效果，如图 3.52 所示。

图 3.52　X 光模式下的整体效果

注意：通过这个例子说明了建立室内模型的一般方法，请读者务必要好好练习，掌握命令工具的使用，理解作图的步骤。门、窗细节的绘制，材质的赋予，光影效果的运用，动画或效果图的输出会在本书后面的章节介绍。

3.3.2　室外模型的建立

室内设计与建筑设计从学科上来说有很多相同之处。使用 SketchUp 建立室内模型与室外建筑模型的方法也有很多一致的地方。但它们对于墙面的表达则完全不一样，室内设计中需要表现的是内墙面，所以将正面向内翻转，而室外设计中需要表现的是外墙面，所以将正面向外翻转。

下面以一个简单的双坡屋顶带老虎窗的单层单体建筑（如图 3.53 所示）为例，来说明室外建模的一般方法。在这个例子中没有用严格的尺寸来建模，这是为了表现 SketchUp 的方案设计性——可以根据设计师的需要随意标注尺寸。

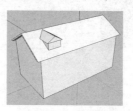

图 3.53　双坡屋顶带老虎窗的单层单体建筑

具体操作步骤如下：

（1）设置绘图环境。选择【窗口】→【模型信息】命令，在弹出的【模型信息】对话框中选择【单位】选项卡，设置参数如图 3.54 所示。

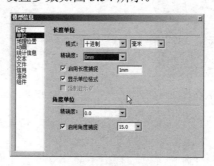

图 3.54　设置绘图单位

（2）使用【矩形】工具，在屏幕上绘制出一个矩形为建筑物的平面底图，如图 3.55 所示。

（3）使用【推/拉】工具，将底面向上拉出一个高度来，如图 3.56 所示。

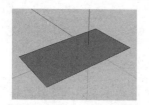
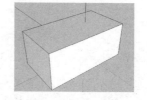

图 3.55　绘制建筑物的平面底图　　　　　图 3.56　拉出建筑物的高度

（4）使用【线】工具将顶面两条短边的中点用直线连接起来，如图 3.57 所示。这条直线实际上就是屋脊线。

（5）使用【移动/复制】工具，将绘制好的直线向上移动，注意调整移动方向，当光标处出现"在蓝色轴上"提示时应按住 Shift 键不放以锁定沿着 Z 轴方向移动。当移动到需要的位置时，单击屏幕结束操作，此时同坡度的双坡顶的雏形即显现出来，如图 3.58 所示。

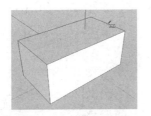

图 3.57 绘制屋脊线　　　　　　　　　图 3.58 移动屋脊线形成坡屋顶

🔔注意：在建模中经常使用【移动/复制】工具对三维物体进行调整，而且使用方法非常灵活。读者应以实例为基准多加练习，从中体会操作的思路。

（6）选择外墙处的建筑立面的 3 条边界线，使用【偏移/复制】工具向内侧偏移一定的距离，如图 3.59 所示。

（7）使用【线】工具将偏移后的线段的两个端点与屋顶的边界用直线连接起来，如图 3.60 所示。

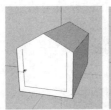

图 3.59 偏移 3 条外墙边界线　　　　　图 3.60 与屋顶的边界连线

（8）使用【推/拉】工具，将外侧 U 形面向着建筑物纵深的方向推动，直到这个面消失，如图 3.61 所示。

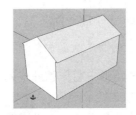

图 3.61 推动 U 形面

（9）选择屋顶的两条边界线，使用【偏移】工具向内偏移。注意，偏移时应捕捉墙角处的一个端点，如图 3.62 所示。然后删除多余的线条，如图 3.63 所示。

图 3.62 偏移屋顶线　　　　　　　　　图 3.63 删除多余的线条

（10）使用【推/拉】工具，将屋顶的侧面向外拉出一段距离，如图 3.64 所示。

（11）转动视图，使用同样的方法在屋顶的另一侧将屋顶向外拉出，此时完成坡屋顶的绘制，如图 3.65 所示。

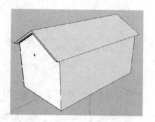

图 3.64　将屋顶向外拉出　　　　　　图 3.65　完成坡屋顶的绘制

注意：在使用【推/拉】工具时，如果双击推/拉面，表示以上一次的距离对这个表面进行推/拉，这种操作方法经常被用到。

（12）下面开始绘制老虎窗。老虎窗的定位以空间直线为主。由于老虎窗纵向的边界线与 Z 轴平行，所以使用【线】工具画直线时，注意，垂直的线要锁定蓝色轴（X 轴），如图 3.66 所示。

（13）使用【线】工具画出老虎窗的截面。由于直线的闭合，会产生面，如图 3.67 所示。

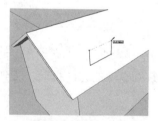

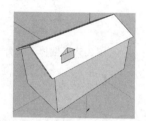

图 3.66　绘制空间直线　　　　　　图 3.67　绘制出老虎窗的截面

注意：如果产生的面是反面向外，可以使用【反转平面】命令将其翻转到内侧。

（14）删除三角形中用作辅助线的纵向直线，然后使用【偏移】工具将三角形的面向外侧偏移，如图 3.68 所示。

（15）使用【线】工具沿着老虎窗的坡角绘制坡角线，如图 3.69 所示。

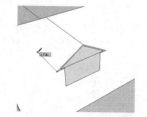

图 3.68　向外侧偏移　　　　　　图 3.69　老虎窗坡面上的线

（16）绘制直线时一定要保证直线的终点在屋顶上，这样才会自动闭合形成面。至此完成老虎窗的坡顶的绘制，如图 3.70 所示。

⚠注意：在老虎窗的绘制中，对画线的要求非常高，一定要注意锁定轴向的画线以及空间直线与屋顶斜面相交的问题，在不方便绘制时需要旋转视图。

（17）屋顶内侧还需要用画线的方法封闭成面，如图 3.71 所示。

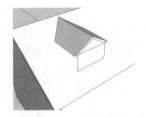
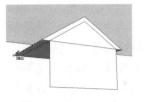

图 3.70　老虎窗的坡顶　　　　　　图 3.71　坡顶内侧画线

（18）继续使用【线】工具将窗户两侧与屋顶处封闭形成面，如图 3.72 所示。

（19）老虎窗屋顶的正面有一条多余的直线，直接用【删除】命令将其删除，如图 3.73 所示。

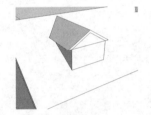

图 3.72　将窗户两侧与屋顶处封闭形成面　　图 3.73　删除多余的直线

（20）使用【推/拉】工具将老虎窗顶面向外侧拉出一个厚度，完成老虎窗的绘制，如图 3.74 所示。

图 3.74　拉出老虎窗顶部的厚度

关于门、窗、阳台的建模，在本书的中篇中会有详细的介绍，这里只需要读者掌握室外模型建立的流程与基础知识的一般性综合运用即可。

3.4　组

当场景过大，场景中的模型物体过多时，管理物体就会很麻烦，甚至选择一个物体都会很困难。这时就需要减少物体的数目（注意，不是减少物体）。可以将一些小物体（尤其是同类型相关联的小物体）组成一个集合，那么当选择这个集合时就相当于选择了集合中的所有物体。例如，将玻璃、窗框和窗台组成一个"窗"集合，下次再选择"窗"时，自然就把玻璃、窗框和窗台这些小物体一并选择了。这就是组的概念。

3.4.1　创建组

组是一种可以包含其他物体的特殊物体，常用来把多个同类型的物体集合成一个物体单位，便于在建模时操作，如选择、移动和复制等。选择物体后，发出创建组的命令有两种方法：一是选择【编辑】→【创建组】命令；二是右击选择的物体，在弹出的快捷菜单中选择【创建组】命令。下面以 3 个长方体为例，来说明创建组。具体操作步骤如下：

（1）右击选择需要创建组的物体，弹出如图 3.75 所示的快捷菜单。

（2）选择【创建组】命令，这时图中的 3 个正方体就变成了一个物体。如果再单击选择任意一个正方体的任意部位，会发现它们是一个整体，表明创建组成功，如图 3.76 所示。

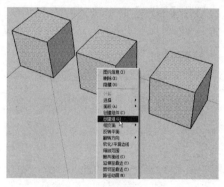
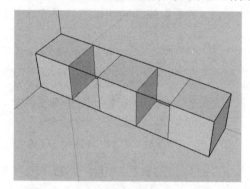

图 3.75　快捷菜单　　　　　　　　　　图 3.76　创建组

🔔**注意**：在建模时组是非常重要的一个概念，总体原则是晚建不如早建，少建不如多建。如果整个模型建立得差不多时，发现有些组没有建，这时如果再去创建组将花费很大的精力和时间，有时甚至无法创建。建模时一旦出现可以建立组的物体集，应立即建立。在组中增加、减少物体的操作是很简单的（后面会讲到这样的操作方法）。如果整个模型都非常细致地进行了分组，那么调整模型就会显得非常方便。

如果需要取消组，可以右击组，在弹出的快捷菜单中选择【分解】命令，如图 3.77 所示。这时组会被取消，原来的物体会重新变成一个个独立的选择单位。

图 3.77　分解组

3.4.2 组的嵌套

组的嵌套就是指一个组中还包含有组，"大"组与"小"组之间的相互包容就是组的嵌套。下面以 3 个正方体组成的组和 3 个圆柱体组成的组为例，来说明组的嵌套。具体操作方法如下：

（1）选择场景中的两个组，如图 3.78 所示。

（2）右击这两个组，在弹出的快捷菜单中选择【创建组】命令，完成新组的创建。

（3）再次单击这个场景中的任意一个物体，会发现变成了一个物体，表明原来的两个组现在组成了一个新的组，如图 3.79 所示。

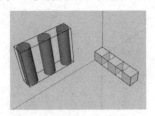

图 3.78 场景中的两个组

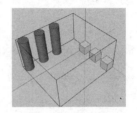

图 3.79 组的嵌套

注意：虽然在建立组时对组的嵌套级别（在一个组中有多少级子组）没有过多的限制，但一般情况下不宜嵌套过多。如果嵌套级别过多，在调整组时就会显得很困难，有时往往找不到需要调整的物体在哪一级嵌套中导致浪费大量的精力和时间。

在有嵌套的组中使用【分解】命令，一次只能取消一级嵌套。如果有多级嵌套的组，就必须重复使用【分解】命令才能将嵌套的组一级一级地分解。

3.4.3 编辑组

编辑组是组操作中非常重要的一个环节。因为在建模的过程中，经常需要对组进行调整，如增加物体、减少物体和编辑组中的物体等。

在组中增、减物体的操作方法如下：

（1）场景中有一个由 3 个正方体组成的组，还有一个长方体的非组物体，如图 3.80 所示。

（2）将组设置为可编辑状态。方法有两种：一是直接双击组；二是选择组后，选择【编辑】→【组】→【编辑组】命令。可以看到此时屏幕中的组处于激活的可编辑状态，而场景中的其他物体处于无法操作的冻结状态，如图 3.81 所示。

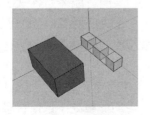

图 3.80 原始场景

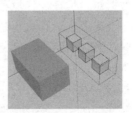

图 3.81 组的可编辑状态

（3）删除组中的物体。选择一个正方体，直接将其删除，然后单击屏幕空白处，结束操作，退出编辑组状态，如图 3.82 所示。这时组中只有 2 个正方体。

（4）将物体移出组。双击组，此时组为编辑状态。选择组中的一个正方体，按 Ctrl+X 组合键剪切此正方体，然后单击屏幕空白处，退出编辑组状态，再按 Ctrl+V 组合键，将剪切的正方体粘贴到场景中，如图 3.83 所示。

（5）将物体加入组。选择场景中的长方体，按 Ctrl+X 组合键剪切此长方体。双击组，此时组处于编辑状态，再按 Ctrl+V 组合键，将剪切的长方体粘贴到组中，然后单击屏幕空白处，退出编辑组状态，如图 3.84 所示。

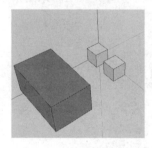 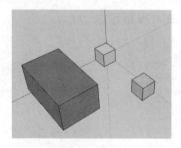 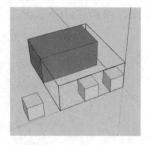

图 3.82　删除组中的物体　　　　　图 3.83　将物体移出组　　　　　图 3.84　将物体加入组

（6）对组中的物体进行编辑。当组处于编辑状态时，可以对组中的物体进行任意的编辑，就像物体不在组中一样。如图 3.85 所示，在组中的长方体的一个面上再增加一个面，然后用【推/拉】工具将这个面向外拉出。

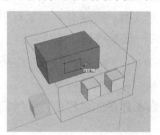 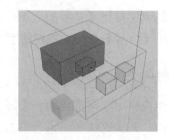

图 3.85　对组中的物体进行编辑

注意：编辑组是常用的一个组操作，在建模和进行方案调整时经常会用到。建立组后可以对组进行反复的调整与编辑。

3.4.4　锁定组

物体虽然成组，但在操作过程中同样存在被移动或删除的可能。如果出现了这样的误操作而又没有及时发现，损失可想而知。所以在建立了一个完好的组，且这个组已经不需要再做修改时，可以将这个组锁定。锁定的组是无法被修改的，也是最安全的。锁定组的具体操作步骤如下：

（1）右击需要锁定的组，在弹出的快捷菜单中选择【锁定】命令，如图 3.86 所示。

（2）再次单击此组，会看到组用红色的外框显示，表明此组处于锁定状态，如图 3.87 所示。

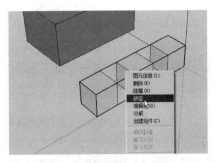

图 3.86　选择【锁定】命令

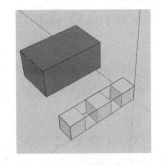

图 3.87　锁定组

如果需要编辑锁定的组，可以将此组解锁。方法是右击被锁定的组，在弹出的快捷菜单中选择【解锁】命令即可。

注意：只有组才能被锁定，物体是无法被锁定的。

3.5　组　　件

在建模的过程中，如果有了好的模型或是比较有代表性的模型，这时可以拿来与别人分享，也可以留着以后建模时使用。而对模型进行导入与导出操作，需要使用 SketchUp 的组件功能。

3.5.1　制作组件

组件与组有很多相似之处，制作组件与创建组的方法基本一致。但制作组件与创建组的目的不同，前者是为了将好模型拿出来交流与分享，后者是为了建模操作更加方便。

制作组件的具体操作步骤如下：

（1）在场景中选择需要制作组件的物体。这里以窗台、窗框和玻璃组成的"窗"组件为例，右击这些物体，弹出如图 3.88 所示的快捷菜单。

（2）选择【创建组件】命令，弹出【创建组件】对话框，由于本例中是"窗"组件，所以在对话框的【名称】文本框中输入"窗 1"，表明这个组件的名称是"窗 1"，如图 3.89 所示。

图 3.88　快捷菜单

图 3.89　为组件命名

（3）单击【创建】按钮，完成"窗1"组件的创建。再次选择物体，可以看到已经制作完成组件。

注意：此时已经完成了组件的制作。但是组件最关键的问题还没有解决，即将组件拿出来与大家交流和共享。否则没有必要制作组件，创建组就够了。

（4）将制作好的组件导出。选择组件并右击，弹出如图3.90所示的快捷菜单。

（5）选择【存储为】命令，弹出【另存为】对话框，如图3.91所示。在该对话框的路径列表中选择文件需要存放的位置，在【文件名】下拉列表框中输入"窗1"，然后单击【保存】按钮，系统自动保存了一个名为"窗1.skp"的文件。这样，就可以通过导入"窗1.skp"这个 SketchUp 的组件文件来共享组件。

图3.90 组件的快捷菜单

图3.91 【另存为】对话框

（6）选择【窗口】→【组件】命令，弹出组件浏览器，在这个浏览器中可以看到当前场景中所有组件的信息。当前场景中只有刚才制作的"窗1"组件，如图3.92所示。

图3.92 组件浏览器

注意：组件浏览器有调用组件的功能，可以调用场景中现有的组件，也可以调用场景以外已经制作好的组件。

（7）调用场景中现有的组件。在组件浏览器中单击需要的组件"窗1"，将其拖动到场景中，如图3.93所示。

（8）把组件"窗1"拖到需要的位置，释放鼠标左键，此时组件插入到相应表面的位置上，如图3.94所示。

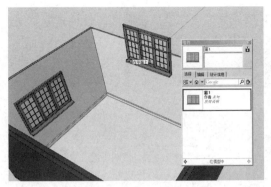
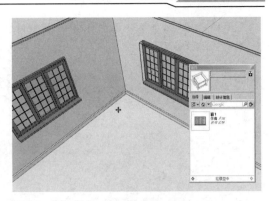

图 3.93　拖动组件　　　　　　　　图 3.94　把组件插入到相应位置

注意：插入组件时，系统会自动删除与组件相交的多余的面。如果需要精确插入，最好使用辅助线定出组件应插入的区域。

3.5.2　组件库

　　自己制作的组件虽然好，但毕竟数量有限，不利于快速、大量地作图，所以要尽可能使用他人已经制作好的组件库。SketchUp 8 中只提供了两个默认的组件文件夹，即组件取样和动态组件培训。但在 SketchUp 5 的安装光盘中带有 SketchUp 官方制作的 8 类组件库，分别为标志类、机械设计类、建筑构造类、建筑景观类、建筑元素类、交通工具类、人物类和舞台场景设计类。将它们安装到 SketchUp 中，基本上就能够满足日常作图与建模的需要了。这 8 个组件库的后缀名均为.exe 的可执行文件，因此双击图标即可进行安装，但安装路径应选择"C:\Program Files\Google\Google SketchUp 8\Components"。

　　安装完官方组件后，即可直接调用这个组件库中的组件。具体操作方法如下：

　　（1）选择【窗口】→【组件】命令，弹出组件浏览器。

　　（2）单击浏览器中部黑色的 按钮，如图 3.95 所示。

　　（3）这时可以看到组件浏览器中出现了很多存放组件的文件夹，可以像在 Windows 窗口中一样操作这些文件夹，如图 3.96 所示。

　　（4）打开对应文件夹寻找需要的组件，如图 3.97 所示。

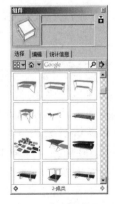

图 3.95　载入组件　　　　图 3.96　查看组件库　　　　图 3.97　寻找需要的组件

（5）在组件浏览器中单击需要的组件，并按住鼠标左键不放，将此组件拖到场景中，在适当的位置释放鼠标左键，完成组件的插入，如图 3.98 所示。

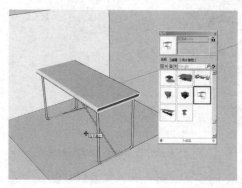 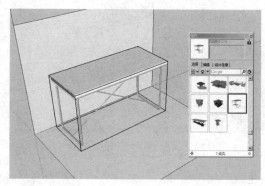

图 3.98　插入组件

🔔注意：对计算机操作不熟练的读者，在安装 SketchUp 软件时，最好不要更改默认的安装目录。因为更改后如需再增加一些目录（如组件目录、插件目录），会出现一些不必要的麻烦。所以建议读者将这个软件安装到默认的目录 "C:\Program Files\Google\Google SketchUp 8" 下即可。

3.6　材质与贴图

表现模型质地的最好方式就是材质。材质并不是孤立存在的，它必须与灯光配合使用。在灯光的照射下，物体表面形成了明、暗两大部，明部、暗部和环境光共同组成了完整的材质系统。但在 SketchUp 中只有简单的天光表现，所以这里的材质并不算是真正意义上的材质，而更像是颜色贴图。但也正是由于不用模拟真实光照，因此 SketchUp 中的材质显示操作简单，显示速度也快，符合 SketchUp 简洁明快的操作风格。

读者在使用 SketchUp 时，如果只需要一般的效果图，可以使用软件本身的材质；如果需要逼真的效果图，就要在 3ds Max 中赋予材质并进行真实渲染计算。

3.6.1　材质浏览器与材质编辑器

在 SketchUp 中，一般使用材质浏览器与材质编辑器来调整或赋予材质。打开材质浏览器有两种方法：一是直接单击工具栏中的【启动材质对话框】按钮 🎨；二是选择【窗口】→【材质浏览器】命令。

如图 3.99 所示就是打开的材质浏览器，中间是材质预览窗口，这里显示的是材质的样式。在默认情况下当前的材质类别是【默认】，可以单击 ▼ 按钮切换到其他类别的材质，如图 3.100 所示。选择【在模型中】选项，可以查看当前场景中已有的材质，如图 3.101 所示。材质浏览器的主要功能就是选择需要的材质。

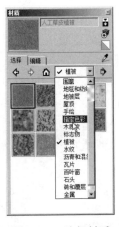

图 3.99　材质浏览器　　　　图 3.100　选择材质　　　　图 3.101　模型中的材质

打开材质编辑器也有两种方法：一是双击材质浏览器中相应的材质；二是选择【窗口】→【材质编辑器】命令。

材质编辑器中包括材质名称、材质预览、调色板、贴图尺寸、不透明度、贴图和明度几个部分，如图 3.102 所示。

- ❑　"材质名称"是对材质的指代，中文、英文或阿拉伯数字都可以，只要方便辨认即可。注意，如果要将模型导入到 3ds Max 或 Artlantis 等软件中，则尽量不要使用中文的材质名称，避免不必要的麻烦。
- ❑　"材质预览"区用于显示调整的材质效果，这是一个动态的窗口，材质的每一步调整都可以在这里实时显示。
- ❑　"调色板"的作用就是调整材质的颜色。
- ❑　"贴图尺寸"的作用就是如果材质使用了外部贴图，可以调整贴图的大小，这里可以调整横、纵向贴图的尺寸。
- ❑　"明度"的作用就是调整材质颜色的亮度。
- ❑　"贴图"就是选择外部的贴图，单击 按钮，弹出【选择图像】对话框，如图 3.103 所示。在该对话框中可以选择图片类的文件作为外部贴图。

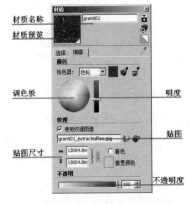

图 3.102　材质编辑器

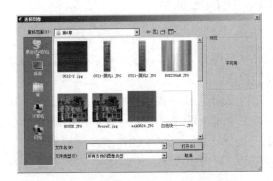

图 3.103　【选择图像】对话框

□ "不透明度"主要是用于制作透明材质，最常见的就是玻璃。当不透明度数值为 100 时，材质不透明；光不透明度数值为 0 时，材质完全透明。

对物体赋予材质的具体操作步骤如下：

（1）打开材质浏览器，在其中选择需要的基本材质。

（2）双击材质浏览器中选择的材质，弹出材质编辑器，在其中对材质进行调整，然后单击【关闭】按钮，完成材质的调整操作。

（3）此时光标变成了油漆桶，表明此时可以准备赋予材质。在所需要的物体表面上单击，材质立即赋予上去，如图 3.104 所示。

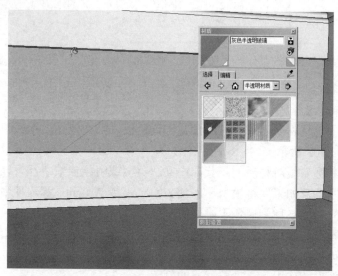

图 3.104　赋予材质

（4）如果要对所赋予的材质进行调整，可以选择【模型中】选项，在材质预览区中找到相应的材质图标并双击，然后在弹出的材质编辑器中进行重新设置。

注意：材质的调整是一个整体过程，需要对比场景中所有物体的效果才能确定最终的材质。调整材质时一定不能只看局部而忽略整体的效果。

3.6.2　材质生成器

打开材质浏览器后，可以看到系统只提供了十几种材质类别，这些材质在制作复杂的场景时就显得十分困难。这时可以使用配书光盘中提供的第三方程序"材质生成器"来生成新的材质。

在材质浏览器中单击 ⏷ 按钮，弹出如图 3.105 所示的菜单。选择【打开或创建集合】命令，弹出【浏览文件夹】对话框，如图 3.106 所示。材质库文件的后缀名是.skm，因此只要能生成以.skm 为后缀的材质库文件就可以扩充系统材质的数目。配书光盘中提供的第三方程序"材质生成器"可将图片文件（如 JPEG、BMP、GIF 格式）转化为后缀名为.skm 的材质库文件。

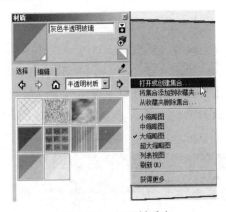

图 3.105 打开材质库

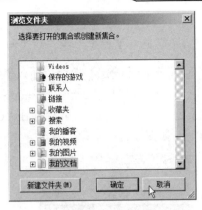

图 3.106 【浏览文件夹】对话框

材质生成器的具体操作步骤如下：

（1）在配书光盘中找到"材质"文件夹，可以看到其中提供了大量用于材质的图片文件，如图 3.107 所示。将"材质"文件夹复制到 SketchUp 的安装目录下（默认的安装路径为"C:\Program Files\Google\Google SketchUp 8"），如图 3.108 所示。

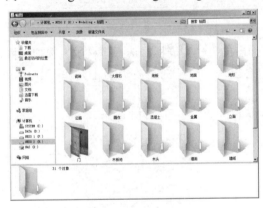

图 3.107 用于材质的图片文件

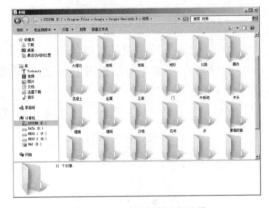

图 3.108 复制到相应目录

（2）打开材质生成器，如图 3.109 所示。单击 Path 按钮，在弹出的【浏览文件夹】对话框中选择【大理石】材质，如图 3.110 所示。

图 3.109 材质生成器

图 3.110 选择【大理石】材质

注意："材质"文件夹中有很多类型的材质，这里只以大理石材质为例来说明操作方法，其他类型材质的操作方法与之类似。

（3）单击【确定】按钮，加入了【大理石】材质的路径，如图 3.111 所示。

（4）单击材质生成器中的 Save 按钮，弹出【另存为】对话框，设置这个材质的【文件名】为"大理石.skm"，并保存在"C:\Program Files\Google\Google SketchUp 8\Materials"目录下，如图 3.112 所示。

图 3.111　加入路径　　　　　　　　　　　图 3.112　生成.skm 文件

（5）如果在材质浏览器中单击 按钮，在弹出的下拉列表框中选择【材质】选项，将会显示"材质"文件夹，这时的材质浏览器中会出现一个新的材质类别【大理石】，如图 3.113 所示。

（6）在【大理石】类别下新生成了各式各样的材质，如图 3.114 所示。

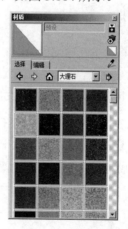

图 3.113　选择【材质】选项　　　　　　　图 3.114　生成新的材质

第4章 动　　画

在制作建筑设计方案时，需要完全表达设计者的意图。在方案竞标中，为了吸引评标专家与甲方，设计师们会使用各种类型的精美图纸来表达，如平面图、立面图、剖面图和三维效果图等。但这些门类众多的静态图纸表现力有限，不能形成足够的视觉感观上的冲击力，于是一种新兴的建筑表现方式——三维动画就走上了历史舞台。

3ds Max 是 CG 动画制作的先锋，广泛应用于建筑行业、影视行业、工业行业以及游戏行业等各个行业，但此软件价格昂贵、操作复杂。SketchUp 具有简洁、明快的建筑漫游动画功能，正在逐渐成为动画软件行业的新秀。

4.1　设　置　镜　头

三维软件中设置的镜头实际上是一种虚拟的"镜头"，就是指人的观测点，即通过对镜头的设置来模拟人的观测点、视角和视线目标。要注意镜头高度应该为人眼距地面的距离，这样形成的镜头视图才与真实的效果一致。

4.1.1　设置镜头的位置与方向

设置镜头的位置与方向有两种方法：一是直接单击工具栏中的【定位镜头】按钮；二是选择【镜头】→【定位镜头】命令。设置镜头位置的具体操作步骤如下：

（1）单击工具栏中的【定位镜头】按钮，屏幕光标将变成站立人的形状，表明此时开始设置镜头。观察屏幕右下角的数值输入框，显示高度偏移为 1676mm（绘图系统以十进制的 mm 为单位），如图 4.1 所示，表明此时镜头高度（模拟人眼的高度）为 1.676m。这个高度为默认的经验值，在一般情况下不用修改。

图 4.1　镜头高度的设置

（2）设置镜头的位置，指定观测者站立的位置，如图 4.2 所示。

（3）此时系统会自动生成一个镜头视图，如图 4.3 所示。这个镜头视图以系统默认的 1.676m 为镜头高度，以指定的观测者位置为镜头位置而形成。

注意：此时的镜头视图还没有进行调整，如视平线的高度、镜头目标点的位置等。调整方法将在本书后面的章节中介绍。

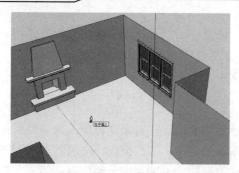

图 4.2　指定镜头位置

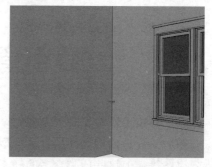

图 4.3　自动生成镜头视图

由于没有指定目标点，所以当前的镜头视图并不成功。真正设置镜头时，位置与方向都要指定。设置镜头位置与方向的方法如下：

（1）单击工具栏中的【定位镜头】按钮，此时屏幕光标变成站立人的形状。

（2）在场景中单击需要设置镜头的位置并按住鼠标左键不放，在屏幕上移动光标，可以看到在镜头位置点与光标点之间有一条虚线，这条虚线就是观测者的观测视线，如图 4.4 所示。

（3）在需要的位置处再次单击，此时将自动生成镜头视图，如图 4.5 所示。这个视图是带有指定观测方向的镜头视图。

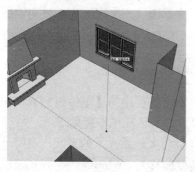

图 4.4　观测视线

图 4.5　带观测方向的镜头视图

（4）观测此时屏幕右下角的数值输入框，【高度偏移】为 0mm。这是由于使用此种视线定位镜头的方法时，观测点是在地面上造成的。在数值输入框中输入 1600（人眼的高度），按 Enter 键，生成如图 4.6 所示的镜头视图。

图 4.6　设置镜头高度后的镜头视图

注意：设置镜头是绘制效果图与制作建筑漫游动画的根本，SketchUp 中就是通过镜头的移动来制作游历动画的。

4.1.2　镜头的正面观察

在设置了镜头的位置与方向后，还需要对镜头进行微调，这时就要使用【正面观察】工具。发出【正面观察】命令有两种方法：一是直接单击工具栏中的【正面观察】按钮 👁；二是选择【镜头】→【正面观察】命令。镜头的正面观察的具体操作步骤如下：

（1）单击工具栏中的【正面观察】按钮，屏幕上的光标变成眼睛形状。

（2）按住鼠标左键不放，在场景中视点的范围内移动光标，可以看到此时的可视区域会随着光标的移动而移动，在调整到需要的观测角度时释放鼠标左键结束操作，如图 4.7 所示。

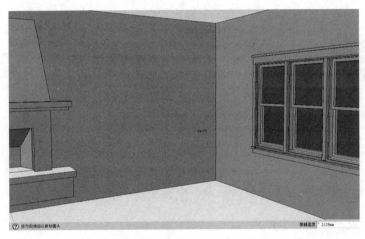

图 4.7　镜头的正面观察

（3）如果对视点的高度不满意，可以在屏幕右下角的数值输入框中调整【眼睛高度】的数值，最好在 1500～1800mm 之间取值。

注意：镜头的正面观察功能相当于观测者视线的上下左右移动，以选择较好的视角。

4.2　漫　　游

SketchUp 中的漫游功能用于制作建筑动画，在绘制效果图中是没有意义的。漫游就是模型随着观测者移动，镜头视图相应产生连续的变化而形成的建筑游历动画。漫游功能的操作很简捷，但是制作出的动画符合人们的观测方式，显得很逼真。

4.2.1　快速移动

快速移动是【漫游】命令的两种操作方式之一，其功能是在视高一定的情况下，在屏幕上指定观测者的移动。发出【漫游】命令有两种方式：一是直接单击工具栏中的【漫游】

按钮🐾；二是选择【镜头】→【漫游】命令。快速移动在如图 4.8 所示场景中的具体操作步骤如下：

（1）单击工具栏中的【漫游】按钮，可以看到此时屏幕上的光标变成两个脚印的形状，表明是在进行漫游操作。

（2）在屏幕右下角的数值输入框中输入高度偏移的值，一般情况下可输入 1676，然后按 Enter 键，表示视线高度为 1676mm。

（3）按住鼠标左键不放，在屏幕中视线正视的位置进行移动，可以看到出现了一个十字标记，这个十字标记是视线的目标点的位置。向上移动光标表示观测点前进；向下移动光标表示观测点后退；左右移动光标表示视线向左右转动，如图 4.9 所示。

（4）如果觉得前进或后退的速度很慢，可以按住 Ctrl 键不放，再移动光标，这时移动的速度就明显快多了。

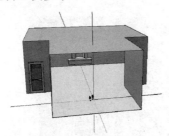
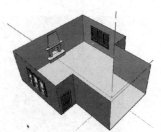

图 4.8　漫游的场景　　　　　　　　图 4.9　快速移动

💭 **注意**：在单个场景（非动画）的状态下使用【漫游】命令是没有任何意义的，【漫游】命令的动画功能在本书后面的章节中有重点介绍。

4.2.2　垂直或横向移动

垂直移动和横向移动是【漫游】命令的两种操作方式，其功能是移动视高或平行移动视点。具体的操作方法如下：

（1）单击工具栏中的【漫游】按钮，可以看到此时屏幕上的光标变成两个脚印的形状，表明是在进行漫游操作。

（2）按住 Shift 键不放，再移动光标。此时光标向上移动将增加视高，向下移动将减少视高，左右横向移动视点也将平行移动。

💭 **注意**：视点的平行移动与视点转动是有区别的。视点转动是观测者位置不变，视点以观测者为轴心进行旋转；视点的平行移动是指观测者位置的平行移动。两者的区别如图 4.10 所示。

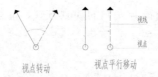

图 4.10　视点转动与视点平行移动的区别

注意：快速移动与垂直或横向移动都是漫游功能的一部分。快速移动用于进入建筑物、在室内移动、在建筑间穿梭等观测者的行走，而垂直或横向移动是在快速移动的基础上对观测者视点的一些微调。SketchUp 就是通过【漫游】命令制作出形形色色的建筑游历动画的。

4.3 创 建 动 画

动画是基于人的视觉原理创建的运动图像。在一定时间内，连续、快速观看一系列相关联的静止画面时，会感觉所看到的为连续动作。其中，每个单幅画面都称为一帧。使用三维动画软件制作动画时，只需要创建记录每个动画序列的起始、结束等关键帧，软件就会自动生成连续的动画文件。

在 SketchUp 中，关键帧被称为场景，连续播放场景可自动形成动画。系统默认使用一个场景，这时是绘制静态图形；如果要创建动画，必须制作多个场景。

4.3.1 新建场景

一个 SketchUp 文件可以拥有一个或多个场景，在默认情况下是单场景。创建新场景的具体操作步骤如下：

（1）选择【视图】→【动画】→【添加场景】命令，此时会看到在屏幕操作区左上角显示"场景号 1"，如图 4.11 所示。

图 4.11 场景号 1

（2）创建第二个场景时有 3 种方法：一是继续选择【视图】→【动画】→【添加场景】命令；二是直接右击【场景号 1】标签，在弹出的快捷菜单中选择【添加】命令；三是直接右击【场景号 1】标签，在弹出的快捷菜单中选择【场景管理器】命令，然后在弹出的场景管理器中单击⊕按钮，如图 4.12 所示。

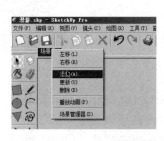

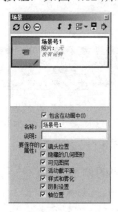

图 4.12 添加场景

（3）使用同样的方法可以建立需要的多个场景，如图 4.13 所示。

图 4.13　建立多个场景

注意：场景的数目需要根据动画的需要来设置。一个关键帧就是一个场景。随着场景增多，动画会更加平滑流畅，但计算生成时间也会更长。

（4）对于不需要的场景可以删除。删除的方法有 3 种：一是选择要删除的场景后，选择【视图】→【动画】→【删除场景】命令；二是右击需要删除的场景，在弹出的快捷菜单中选择【删除】命令；三是在场景管理器中单击⊖按钮删除当前场景。

注意：使用 SketchUp 制作的动画是按顺序依次播放场景中的场景来完成的。对场景内容的选择是创建动画的关键。

4.3.2　场景的设置与修改

制作建筑动画实际上也是方案制作的过程之一，需要对文件不断地进行推敲调整。主要会对以下设置进行调整：场景名称、场景顺序、播放速度、场景更新。

（1）场景名称的调整。更改场景名称实际上是为了方便管理动画，对每一个关键帧有文字描述。如图 4.14 所示是一个建筑动画的关键帧的名称。更改场景名称的方法是右击需要更改名称的场景，在弹出的快捷菜单中选择【场景管理器】命令，再在弹出的【场景】对话框的【名称】文本框中输入新的场景名称，如图 4.15 所示。

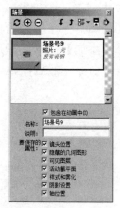

图 4.14　场景的名称
图 4.15　更改场景的名称

（2）场景顺序的调整。前面提到使用 SketchUp 制作的动画是按顺序依次播放场景中的场景来完成的。当场景顺序有误时，可以右击需要调整顺序的场景，在弹出的快捷菜单中选择【左移】或【右移】命令，将此场景向左或向右移动以更改顺序，如图 4.16 所示。

（3）播放速度的调整。选择【视图】→【动画】→【设置】命令，弹出【模型信息】对话框，如图 4.17 所示。其中包括【场景转换】和【场景延迟】两栏，分别介绍如下。

❑　场景转换：是指播放每一帧动画所用的时间。值越小，播放动画的速度就越快，这个值的取值范围为 0～100 秒。

❑　场景延迟：是指场景之间停顿的时间，即播放完当前场景的动画后要停顿一段时间再继续播放下一场景的动画，这个值的取值范围为 0～100 秒。

图 4.16　更改场景顺序

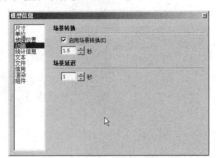

图 4.17　【模型信息】对话框

注意：【场景转换】栏的数值应按照具体的场景动画内容需要来调整，而【场景延迟】栏的数值不宜过大，否则动画会出现明显的停顿感。

（4）场景更新。当某一个场景更改了动画信息时，需要对此场景进行更新。操作方法是右击此场景，在弹出的快捷菜单中选择【更新】命令。

4.3.3　导出动画

SketchUp 的标准文件是 SKP 文件，该文件可以播放演示动画。但都只能在安装有 SketchUp 软件的计算机上播放；另外，无法为动画文件增加演示文字和背景音乐。所以，在 SketchUp 中制作完成动画后，最好能将动画导出，另存为其他文件格式（最常用的动画文件格式就是 AVI）。导出动画的具体操作步骤如下：

（1）在导出动画之前首先应该观看一下动画的效果，以决定是否还要进行调整与修改。观看动画的方法有两种：一是选择【视图】→【动画】→【播放】命令；二是直接右击【场景号 1】标签，在弹出的快捷菜单中选择【播放动画】命令。这时屏幕中会弹出【动画】对话框，并自动播放动画。单击对话框中的【暂停】按钮可以暂停动画的播放，单击【停止】按钮可以停止动画的播放，如图 4.18 所示。

图 4.18　【动画】对话框

（2）确认动画文件无误后开始导出。选择【文件】→【导出】→【动画】命令，弹出如图 4.19 所示的【输出动画】对话框。

注意：如果只有一个场景，则是无法导出动画的，也无法弹出【输出动画】对话框。

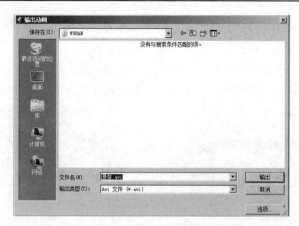

图 4.19 【输出动画】对话框

（3）单击【选项】按钮，打开【动画导出选项】对话框，如图 4.20 所示。

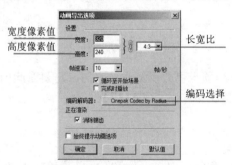

图 4.20 【动画导出选项】对话框

各选项说明介绍如下。

- ❑ 宽度/高度：用于设置导出动画的分辨率。VCD 格式的视频文件有两种制式：PAL 制式和 NTSC 制式。PAL 制式的分辨率为 352×288、25 帧/秒（国内制式标准）；NTSC 制式的分辨率为 352×240、30 帧/秒（美、日制式标准）。DVD 格式的视频文件有多种制式，读者可以参阅有关的说明。设计者应该根据自身的需要来设置动画的分辨率。

🔔注意：分辨率越大，图像越清晰，但动画文件也会随之增大。

- ❑ 长宽比下拉列表框：用于设置动画图像的长度与宽度的比值。该下拉列表框包含 4:3 和 16:9 两个比值。默认情况下的比值为 4:3。16:9 是现代新式宽屏的视频播放标准，更符合人的视觉感受。
- ❑ 编码解码器：选择动画导出后 AVI 格式的编码格式。单击该按钮，会弹出【视频压缩】对话框，如图 4.21 所示。在【压缩程序】下拉列表框中，可以选择所需要的编码格式，如图 4.22 所示。
- ❑ 帧速率：导出的动画图像每秒钟含有多少个帧。这个数值越大，动画越平滑，动画连贯性越好，动画文件也越大。

图 4.21　【视频压缩】对话框

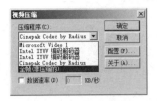
图 4.22　选择压缩程序

❑ 消除锯齿：使导出的动画图像更加光滑。选中该复选框，可以减少图像的锯齿边、虚化图像不正确的像素点。一般情况下需要选中该复选框。

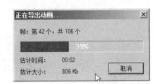
图 4.23　导出动画

（4）设置完成后，在【输出动画】对话框中选择导出文件的路径，输入需要的文件名，再单击【输出】按钮，开始输出动画，如图 4.23 所示。

注意： 导出的 AVI 格式的动画视频文件可以使用视频编辑软件，如 Adobe Premiere、After Effect 等增加解说文字、背景音乐以及其他素材，使动画更加生动。也可以直接刻录成 VCD、DVD 光盘，在 VCD 机、DVD 机上进行播放。

4.4　动 画 实 例

SketchUp 中能制作动画的命令并不多。制作动画的主要方法有图层动画、漫游动画和阴影动画 3 种。本节就以 3 个动画的实例为例，来分别说明图层动画、漫游动画和阴影动画制作的方法。希望读者通过这 3 个典型动画的实例，能够理解 SketchUp 制作动画的内涵。

4.4.1　图层动画

SketchUp 最主要的动画功能是建筑游览。这种动画方式是建立在建筑物固定而观测者移动的基础上。所以 SketchUp 并不能直接制作出物体移动的动画，但可以模拟物体移动动画，其中包括两种方式：一是观测者向后移动，使物体相对向前运动；二是使用图层动画。使用图层动画模拟小汽车转弯的具体操作步骤如下：

（1）场景中有一辆小汽车，在十字路口处将向右转弯，进入另一侧的道路，如图 4.24 所示。

（2）该实例动画的原理就是在小汽车的转弯线路上进行多重复制，将每一辆小汽车放到一个单独的图层中，然后新建场景，每个场景一次只显示一个图层。这样，在播放动画时，小汽车就会以转弯点为圆心，向着右侧转弯前进，如图 4.25 所示。

注意： 这样只是模拟小汽车的转弯动画，并不是小汽车真正的运动动画。在设置演示时，应将场景间隔时间的数值尽可能设置得小一些，将动画的速度尽可能设置得快一些，这样才能让动画变得连贯。

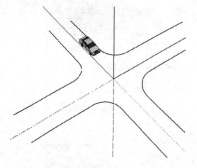

图 4.24 场景现状

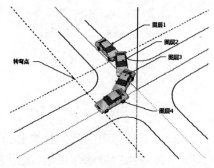

图 4.25 动画原理

（3）绘制出转弯圆心点。使用【卷尺】工具绘制小汽车转弯的圆心点。注意辅助线一定要对齐道路直线与弧线交接处的"端点"，如图 4.26 所示。

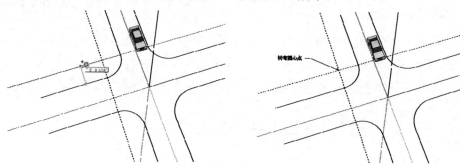

图 4.26 绘制出转弯圆心点

（4）旋转复制小汽车。选择小汽车，单击工具栏中的【旋转】按钮，并按住 Ctrl 键不放，在屏幕中的"转弯圆心点"处单击以指定旋转圆心的位置，然后移动光标到与红色轴平行，再次单击以确认旋转边。沿顺时针方向转动光标到道路的另一侧再次单击，以确认旋转角度为 90°，这时又旋转复制出一辆小汽车，如图 4.27 所示。

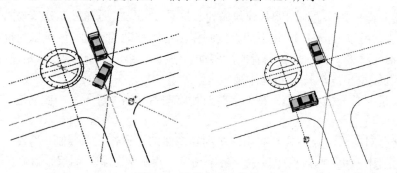

图 4.27 旋转复制小汽车

（5）在屏幕右下角的数值输入框中输入/3，表明在原物体与新物体间再新增两个物体且保证物体的旋转方向，再按 Enter 键，如图 4.28 所示。

（6）增加 1、2、3、4 这 4 个图层。选择【窗口】→【图层】命令，弹出【图层】对话框。依次单击【加入】按钮⊕，加入 1、2、3、4 这 4 个新图层，如图 4.29 所示。

图 4.28　再增加两辆小汽车　　　　　　　图 4.29　增加图层

（7）将 4 辆小汽车分别加入 1、2、3、4 这 4 个图层。在默认情况下，这 4 辆小汽车的图层为"图层 0"，所以必须将 4 辆小汽车分别加入 1、2、3、4 这 4 个图层，如图 4.30 所示。选择第 1 辆小汽车，然后选择【窗口】→【图元信息】命令，在弹出的【图元信息】对话框的【图层】下拉列表框中选择 1 选项，即将第 1 辆小汽车的加入到"图层 1"中，如图 4.31 所示。用同样的方法将其余 3 辆小汽车分别加入到相应的图层中。

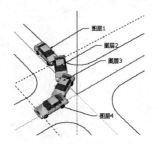

图 4.30　小汽车的图层编号　　　　　　　图 4.31　更改图层

（8）新建"场景 1"。选择【视图】→【动画】→【添加】命令，新建"场景 1"。再选择【窗口】→【图层】命令，在弹出的【图层】对话框中取消选中图层 2、3、4 的【可见】列中的复选框，如图 4.32 所示。表明在 4 个有小汽车的图层中只显示小汽车 1 所在的图层 1。

（9）新建"场景 2"。右击【场景 1】标签，在弹出的快捷菜单中选择【添加】命令，新建"场景 2"。再选择【窗口】→【图层】命令，在弹出的【图层】对话框中取消选中图层 1、3、4 的【可见】列中的复选框，如图 4.33 所示。表明在 4 个有小汽车的图层中只显示小汽车 2 所在的图层 2。

图 4.32　只显示图层 1　　　　　　　图 4.33　只显示图层 2

（10）新建"场景 3"。右击【场景 2】标签，在弹出的快捷菜单中选择【添加】命令，新建"场景 3"。再选择【窗口】→【图层】命令，在弹出的【图层】对话框中取消选中图层 1、2、4 的【可见】列中的复选框，如图 4.34 所示。表明在 4 个有小汽车的图层中只显示小汽车 3 所在的图层 3。

（11）新建"场景 4"。右击【场景 3】标签，在弹出的快捷菜单中选择【添加】命令，新建"场景 4"。再选择【窗口】→【图层】命令，在弹出的【图层】对话框中取消选中图层 1、2、3 的【可见】列中的复选框，如图 4.35 所示。表明在 4 个有小汽车的图层中只显示小汽车 4 所在的图层 4。

（12）动画的演示设置。选择【视图】→【动画】→【设置】命令，在弹出的【模型信息】对话框中选择【动画】选项卡，再将【场景转换】栏的时间设置为 0.25 秒，将【场景延迟】栏的时间设置为 0 秒，如图 4.36 所示。这样才能保证动画较流畅地播放。

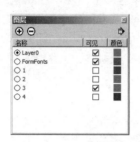
图 4.34　只显示图层 3

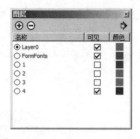
图 4.35　只显示图层 4

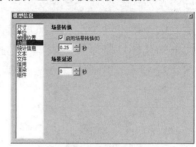
图 4.36　演示设置

（13）预览动画。选择【视图】→【动画】→【播放】命令，预览动画。如图 4.37～图 4.40 分别是 4 个场景的动画效果。

图 4.37　场景 1

图 4.38　场景 2

图 4.39　场景 3

图 4.40　场景 4

注意：如果对动画中的内容不满意，可以在具体场景中进行调整。需要注意的是，调整
完后一定要右击此场景标签，在弹出的快捷菜单中选择【更新】命令，保存更改
过的动画信息。

4.4.2 漫游动画

在 SketchUp 中，漫游动画是最重要的动画，也是最重要的方案演示功能，可以快速生
成符合人的视觉的建筑游历动画。由于动画的逼真性，使得越来越多的设计单位使用
SketchUp 制作竞标方案。本例以一个观测者进入 4 个连续空间的动画为例，来说明具体的
操作方法。如图 4.41 所示，场景中用红色的三角箭头指示前进的方向，最后的"第 4 空间"
用绿色的正方形表示终点。具体操作步骤如下：

（1）选择【编辑】→【取消隐藏】→【全部】命令，将隐藏的顶面显示出来。然后使
用【转动】工具，将建筑入口处正对观测者，如图 4.42 所示。

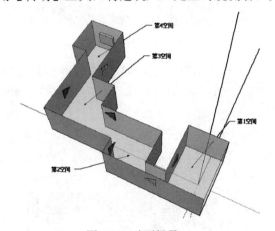

图 4.41　动画场景

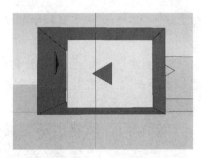

图 4.42　转动视图

（2）单击工具栏中的【漫游】按钮，在屏幕右下角的数值输入框中输入 1676，表明
此时观测者的视线高度为 1676mm，再按 Enter 键。

（3）新建"场景 1"。选择【视图】→【动画】→【添加场景】命令，新建"场景 1"。
按住 Ctrl 键不放，单击工具栏中的【漫游】按钮，将视线推入"第 1 空间"，如图 4.43 所示。

（4）创建"场景 2"。右击【场景 1】标签，在弹出的快捷菜单中选择【添加】命令，
新建"场景 2"。单击工具栏中的【漫游】按钮，将视线推入"第 1 空间"与"第 2 空间"
之间的走廊中，如图 4.44 所示。

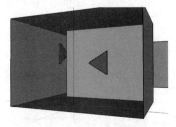

图 4.43　新建场景 1

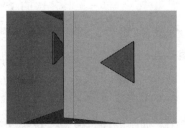

图 4.44　新建场景 2

（5）创建"场景 3"。右击【场景 2】标签，在弹出的快捷菜单中选择【添加】命令，新建"场景 3"。单击工具栏中的【漫游】按钮，将视线推入"第 2 空间"中，如图 4.45 所示。

（6）创建"场景 4"。右击【场景 3】标签，在弹出的快捷菜单中选择【添加】命令，新建"场景 4"。单击工具栏中的【漫游】按钮，将视线推入"第 2 空间"与"第 3 空间"之间的走廊中，如图 4.46 所示。

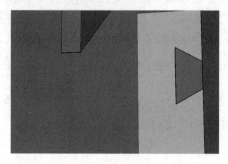
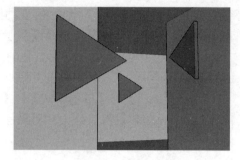

图 4.45　新建场景 3　　　　　　　　图 4.46　新建场景 4

（7）创建"场景 5"。右击【场景 4】标签，在弹出的快捷菜单中选择【添加】命令，新建"场景 5"。单击工具栏中的【漫游】按钮，将视线推入"第 3 空间"中，如图 4.47 所示。

（8）创建"场景 6"。右击【场景 5】标签，在弹出的快捷菜单中选择【添加】命令，新建"场景 6"。单击工具栏中的【漫游】按钮，将视线推入"第 3 空间"与"第 4 空间"之间的走廊中，如图 4.48 所示。

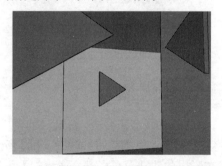
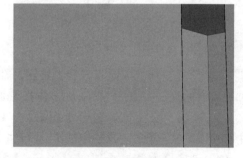

图 4.47　新建场景 5　　　　　　　　图 4.48　新建场景 6

（9）创建"场景 7"。右击【场景 6】标签，在弹出的快捷菜单中选择【添加】命令，新建"场景 7"。单击工具栏中的【漫游】按钮，将视线推入"第 4 空间"中，如图 4.49 所示，此时可以看到代表终点的绿色标志。

🔔注意：在使用【漫游】工具推动视线时，要注意按照红色三角形箭头标记指向的方向前进，否则在建筑物内很容易迷失方向。如果需要将视线向上仰起，可以使用【正面观察】工具。

（10）动画的演示设置。选择【视图】→【动画】→【设置】命令，在弹出的【模型信息】对话框中选择【动画】选项卡，再将【场景转换】栏的时间设置为 2 秒，将【场景延迟】栏的时间设置为 0 秒，如图 4.50 所示。

图 4.49　新建场景 7

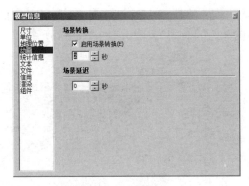

图 4.50　动画演示设置

注意：将此例中【场景转换】栏的时间设置为 2 秒，是根据观测者在房间中的行走速度来计算的。【场景延时】栏的时间依然为 0 秒，因为整个漫游动画是个连续的过程。

（11）预览动画。选择【视图】→【动画】→【播放】命令，预览动画。如果发现问题，可以随时更正。

（12）导出动画。动画预览无误后，可以选择【文件】→【导出】→【动画】命令，将动画导出为 AVI 格式的视频，以作演示之用。

4.4.3　阴影动画

SketchUp 中的阴影动画功能可以模拟出具体地理位置在指定日期的某一时间段内建筑物的阴影变化。这个功能常用于方案演示与建筑日照估算。本例将演示北京某居住小区的建筑物（如图 4.51 所示）在 3 月 22 日（春分日）9:30～18:00 的阴影变化。

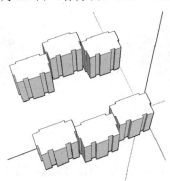

图 4.51　建筑物场景

具体操作步骤如下：

（1）设置建筑物坐落的地理位置。选择【窗口】→【模型信息】命令，在弹出的【模型信息】对话框中选择【地理位置】选项卡，设置如图 4.52 所示的地理位置。注意，使用默认的屏幕向上方向为正北方向，可以看到此场景的建筑物为南–北朝向。

（2）选择【窗口】→【阴影】命令，弹出【阴影设置】对话框。在【日期】下拉列表框中设置日期为 3/22，即 3 月 22 日（春分日），在【时间】微调框中设置时间为 9:30，即动画开始的时间为 9:30，如图 4.53 所示。

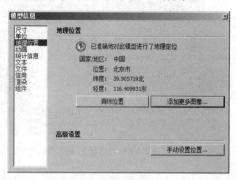

图 4.52　设置地理位置　　　　　　　　　图 4.53　【阴影设置】对话框

🔔注意：在单击【显示阴影】按钮时，设置地理位置非常重要。有些读者往往忽视这个问题，这是不允许的，因为经、纬度不同，被太阳照射的方式也不一样，生成的阴影也不一样。

（3）制作 9:30～11:00 的阴影动画。选择【视图】→【动画】→【添加】命令，新建"场景 1"。在【阴影设置】对话框中单击【显示阴影】按钮，在【时间】微调框中调整时间到 11:00，此时屏幕上的建筑物阴影如图 4.54 所示。

（4）制作 11:00～12:30 的阴影动画。右击【场景 1】标签，在弹出的快捷菜单中选择【添加】命令，新建"场景 2"。在【阴影设置】对话框中，将【时间】微调框中的时间调整到 12:30，此时屏幕上的建筑物阴影如图 4.55 所示。

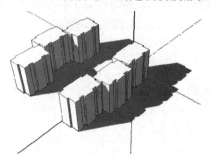

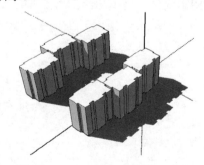

图 4.54　9:00～11:00 的阴影动画　　　　　图 4.55　11:00～12:30 的阴影动画

（5）制作 12:30～14:00 的阴影动画。右击【场景 2】标签，在弹出的快捷菜单中选择【添加】命令，新建"场景 3"。在【阴影设置】对话框中，将【时间】微调框中的时间调整到 14:00，此时屏幕上的建筑物阴影如图 4.56 所示。

（6）制作 14:00～15:30 的阴影动画。右击【场景 3】标签，在弹出的快捷菜单中选择【添加】命令，新建"场景 4"。在【阴影设置】对话框中，将【时间】微调框中的时间调整到 15:30，此时屏幕上的建筑物阴影如图 4.57 所示。

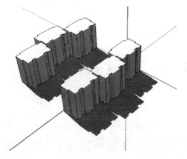
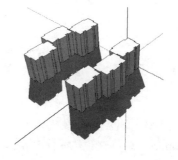

图 4.56 12:30～14:00 的阴影动画   图 4.57 14:00～15:30 的阴影动画

（7）制作 15:30～17:00 的阴影动画。右击【场景 4】标签，在弹出的快捷菜单中选择
【添加】命令，新建"场景 5"。在【阴影设置】对话框中，将【时间】微调框中的时间
调整到 17:00，此时屏幕上的建筑物阴影如图 4.58 所示。

（8）制作 17:00～18:00 的阴影动画。右击【场景 5】标签，在弹出的快捷菜单中选择
【添加】命令，新建"场景 6"。在【阴影设置】对话框中，将【时间】微调框中的时间
调整到 18:00，此时屏幕上的建筑物阴影如图 4.59 所示。

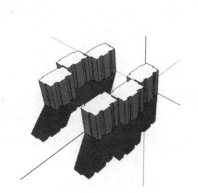
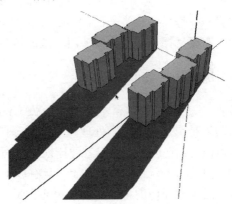

图 4.58 15:30～17:00 的阴影动画   图 4.59 17:00～18:00 的阴影动画

🔔注意：在 3 月 22 日（春分日）这天，北京地区的太阳日照于 18:23 结束，所以本例的日
照时间选择为 9:00～18:00。

（9）预览动画。选择【视图】→【动画】→【播放】命令，预览动画。如果发现问题，
可以随时更正。

（10）导出动画。动画预览无误后，可以选择【文件】→【导出】→【动画】命令，
将动画导出为 AVI 格式的视频，以作演示之用。

🔔注意：有些计算机的显卡不支持 OpenGL，所以会出现无法显示阴影的情况。

第 5 章　插　　件

在很多计算机图形图像软件中，都会涉及插件（Plugins），如 3ds Max、ArchiCAD、Photoshop 等。总体来说，插件是指用某种专业的计算机语言编写的程序，这种类型的程序可以加快绘图的速度，使绘图操作更加简捷。现在越来越多的设计师在计算机图形图像软件中使用插件来绘图。本章将介绍插件在 SketchUp 中的使用方法。

5.1　插　件　简　介

SketchUp 同样提供了扩展的插件功能，这使得用 SketchUp 作图的路径更加宽广，操作方式更加多样。有能力的设计师可以根据需要编译插件，但这种方式很困难，因为掌握计算机语言与编程思路较难。而大多数设计师会直接使用他人制作好的插件来完成工作，所以读者只需要掌握插件的一般使用方法即可。

5.1.1　Ruby 语言简介

1993 年 2 月 24 日，日本的松本行弘（Yukihiro Matsumoto）发明了 Ruby 语言。Ruby 语言的初衷是用来控制文本处理和系统管理任务的，现在已经成为一种功能强大的面向对象的脚本语言。它可以让使用者便捷地进行面向对象编程，而 SketchUp 中的插件就是使用 Ruby 语言开发的。归纳起来，Ruby 具有以下优点：

❑ 迅速和简便的特性。无须声明变量、变量类型、行结束符和人工管理内存，语言简单的代码中透露着坚实的基础。

❑ 面向对象编程。Ruby 从一开始就被设计成纯粹的面向对象语言。因此，以整数等基本数据类型为首的所有东西都是对象，都有发送信息的统一接口。

❑ 解释性脚本语言。这种解释性的脚本语言不仅有直接呼叫系统调用的能力、强大的字符串表达式和正则表达式，而且可以在开发过程中快速回馈。

❑ 采用多精度整数、异常处理模式、动态装载及线程。

读者可以到 http://www.ruby-lang.org/zh_cn/网站中下载 Ruby 编译程序，注意有 Windows 与 Linux 两个运行平台。如图 5.1 所示是在 Windows 平台上运行的 Ruby 编译程序。

🔊注意：本书重点不是研究 Ruby 语言，所以只对 Ruby 语言进行一般的概念性的介绍。有兴趣的读者可以参考关于 Ruby 语言开发的其他资料。

SketchUp 中包含了一个 Ruby 开发程序接口（API），它可以使熟悉 Ruby 脚本程序的用户对 SketchUp 默认的系统功能进行相应的扩展，还能允许用户创建工具、菜单条目和控制生成的几何图形等。除 API 外，SketchUp 中还包括一个测试 Ruby 命令和方法的 Ruby

控制台（Ruby Console）。启动 Ruby 控制台的方法是：选择【窗口】→【Ruby 控制台】命令，弹出如图 5.2 所示的【Ruby 控制台】窗口。

图 5.1　Ruby 编译程序

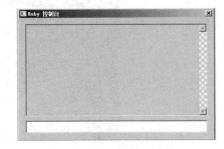

图 5.2　【Ruby 控制台】窗口

SketchUp 中插件文件的后缀名是.rb。RB 文件就是使用 Ruby 语言开发的。有了这些 RB 插件文件，作图就更加方便了。

5.1.2　插件的安装与使用

由于 Ruby 语言编辑程序是免费的，所有大多数的 SketchUp 插件也是免费交流的，读者可以到国内外的 SketchUp 论坛中下载所需要的插件。有些网站提供的插件是成套的，如图 5.3 所示。

1．插件的安装

在安装插件时首先要知道本机中安装 SketchUp 的目录。如果没有更改安装路径，SketchUp 默认安装在"C:\Program Files\Google\Google SketchUp 8"目录中。而在这个目录下有一个 Plugins 的子目录，如图 5.4 所示。只要将插件文件复制到 Plugins 的子目录中即可正常使用插件。

图 5.3　插件

图 5.4　插件目录

2．插件的使用

只要将插件文件正常复制到安装 SketchUp 目录下的 Plugins 子目录中，即可使用插件。双击桌面上的 Google SketchUp 8 快捷方式图标，启动 SketchUp。可以看到主界面的菜单栏中多了一项【插件】菜单，说明插件安装成功。选择【插件】命令，会弹出插件的主菜单以及子菜单，如图 5.5 所示。

图 5.5　插件的菜单

如果不需要插件，或者想换用其他插件，可以将复制到 Plugins 目录中的插件文件直接删除。

有些下载的插件文件可能无法使用或使用时有误，这时需要对插件文件进行验证。验证的方法如下（以 calc.rb 插件文件为例）：

（1）将插件文件复制到插件目录中，如果没有更改安装路径，安装插件的目录路径应该是"C:\Program Files\Google\Google SketchUp 8\Plugins"。

（2）双击桌面上的 Google SketchUp 8 快捷方式图标，启动 SketchUp。

（3）选择【窗口】→【Ruby 控制台】命令，弹出【Ruby 控制台】窗口。

（4）在【Ruby 控制台】窗口的输入区中输入"load "/绝对路径/插件名""。本例中应输入"load"C:/Program Files/Google/Google SketchUp 8/plugins/calc.rb""（这里的路径符号应是"/"而不是"\"），然后按 Enter 键，如果显示 true，说明插件正确，如图 5.6 所示。

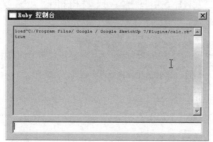

图 5.6　验证插件

🔔注意：插件文件的选择标准是需要什么功能就选用什么功能的插件。如果插件文件过多，会经常出现死机的情况。另外，插件文件有中文菜单和英文菜单，英文水平一般的读者可以选用中文菜单的插件进行操作。

5.2　地形工具沙盒

地形工具沙盒是 SketchUp 自带的一个新增功能。沙盒也是一个用 Ruby 语言开发的插件。沙盒的主要功能就是制作室外的三维地形，常用于城市设计、景观设计和建筑设计等。

5.2.1　地形工具沙盒的启动

沙盒不仅与主程序相联系、密不可分，而且还是一个相对独立的个体。如果没有更改默认的安装路径，沙盒被安装在"C:\Program Files\Google\Google SketchUp 8\Tools"目录下，包括 sandboxtools.rb 文件和 Sandbox 文件夹两个部分，如图 5.7 所示。

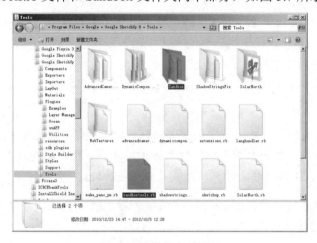

图 5.7　沙盒的安装路径

沙盒在 SketchUp 默认的情况下并没有加载，所以要使用此工具，必须手动加载。具体加载的方法如下：

（1）双击桌面上的 Google SketchUp 8 快捷方式图标，启动 SketchUp。

（2）选择【窗口】→【使用偏好】命令，在弹出的【系统使用偏好】对话框中选择【延长】选项卡，并选中【沙盒工具】复选框，如图 5.8 所示。

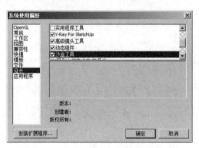

图 5.8　【系统使用偏好】对话框

（3）选择【视图】→【工具栏】→【沙盒】命令，此时屏幕中会显示【沙盒】工具栏，如图 5.9 所示。

可以看到，【沙盒】工具栏一共由 7 个按钮组成，从左到右依次是【根据等高线创建】按钮、【根据网格创建】按

图 5.9 【沙盒】工具栏

钮、【曲面拉伸】按钮、【曲面平整】按钮、【曲面投射】按钮、【添加细部】按钮和【翻转边线】按钮。前两个按钮是绘制命令，后面 5 个按钮是围绕着前两个命令绘制好的图形来修改的编辑命令。

5.2.2 等高建模

【根据等高线创建】命令的功能是封闭相邻的等高线以形成三角面。等高线可以是直线、圆弧、圆或曲线等，将自动封闭这个闭合或不闭合的线形成面，从而形成有高差的地形坡地。发出此命令有两种方式：一是单击工具栏中的【根据等高线创建】按钮 ；二是选择【绘图】→【沙盒】→【根据等高线创建】命令。具体操作方法如下：

（1）启动 SketchUp，保证当前界面中【沙盒】工具的加载。

（2）全部选择需要生成地形的等高线，如图 5.10 所示。

（3）单击工具栏中的【根据等高线创建】按钮，发出命令。经过系统运算后会自动生成地形，如图 5.11 所示。

🔔注意：作为等高线的线形物体必须是空间曲线，也就是说，每条曲线之间有高差。如果所有的曲线在同一个平面中，则无法生成地形。获得等高线有两种方法：一是导入 AutoCAD 的地形文件；二是直接在 SketchUp 中绘制。

（4）生成的地形是一个群组。隐藏该群组，删除已经不需要的等高线，再次显示群组，可以观察到一个完整的地形物体，如图 5.12 所示。

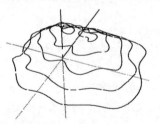  

图 5.10 选择等高线 图 5.11 生成地形 图 5.12 删除等高线后的地形物体

5.2.3 地形网格

【根据网格创建】命令的功能就是绘制如图 5.13 所示的平面的方格网。这样的平面方格网并不是最终的结果，设计者可以继续使用【沙盒】的其他工具配合生成所需要的地形。发出此命令有两种方式：一是单击工具栏中的【根据网格创建】按钮 ；二是选择【绘图】→【沙盒】→【根据网格创建】命令。具体操作方法如下：

（1）启动 SketchUp，保证当前界面中【沙盒】工具的加载。

（2）单击工具栏中的【根据网格创建】按钮，发出命令。

（3）在屏幕右下角的数值输入框中输入栅格间距的值，如图 5.14 所示。

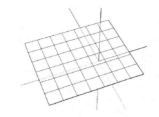

图 5.13 根据网格创建生成的方格网　　　　图 5.14 输入栅格间距

（4）单击方格网起始点处，然后移动光标到方格网的一条边终止点处后再次单击，如图 5.15 所示。这一条边的长度可以在屏幕右下角的数值输入框中输入长度值来完成。

（5）继续移动光标到方格网的另一条边终止点处单击，如图 5.16 所示。这一条边的长度也可以在屏幕右下角的数值输入框中输入长度值来完成。

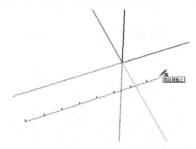

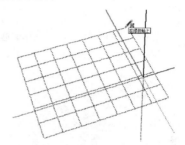

图 5.15 方格网的一条边　　　　　　　　图 5.16 方格网的另一条边

（6）这样就完成了方格网的绘制，可以看到绘制后的方格网是一个群组。

注意：方格网要使用 3 个参数来定位，即方格网间距、长和宽两条边的长度。在绘制方格网之前，应该对这个几何图形先进行计算，得到参数后再开始作图。

5.2.4 地形起伏

【曲面拉伸】命令的功能就是修改地形物体蓝色轴（Z 轴）向上的起伏程度。这个命令不能对群组进行直接操作，所以首先要进入群组编辑状态。发出此命令有两种方式：一是单击工具栏中的【曲面拉伸】按钮 ；二是选择【工具】→【沙盒】→【曲面拉伸】命令。具体操作方法如下：

（1）双击需要编辑的地形物体，进入群组编辑状态，如图 5.17 所示。

（2）单击工具栏中的【曲面拉伸】按钮，并在屏幕右下角的数值输入框中输入半径值。这个值是指拉伸点的辐射范围，即图 5.18 中圆的半径。

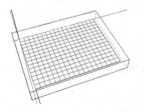

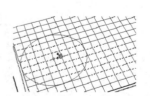

图 5.17 群组编辑状态　　　　　　　　图 5.18 拉伸点辐射范围

（3）单击需要向上拉伸的中心点处，然后向上移动光标，如图 5.19 所示。

（4）单击需要的高度处，结束操作，退出群组编辑状态，如图 5.20 所示。指定拉伸的高度时，也可以在屏幕右下角的数值输入框中输入值。

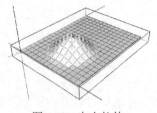 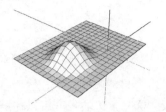

图 5.19　向上拉伸　　　　　　　　　图 5.20　结束操作后的地形物

在选择拉伸中心位置时有 3 种方法：点中心拉伸、边线中心拉伸和对角线拉伸。下面分别介绍。

❑　点中心拉伸：点中心拉伸的地形可以形成一个尖坡顶，如图 5.21 所示。

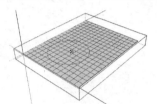

图 5.21　点中心拉伸

❑　边线中心拉伸：边线中心拉伸可以形成一个山脊，如图 5.22 所示。

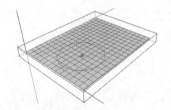

图 5.22　边线中心拉伸

❑　对角线拉伸：对角线拉伸也可以形成一个山脊，如图 5.23 所示。

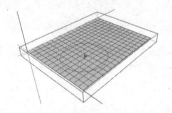 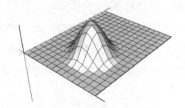

图 5.23　对角线拉伸

🔔注意：要制作出希望的地形，仅使用一次【曲面拉伸】命令是不够的。如图 5.24 所示的地形一共使用了 5 次【曲面拉伸】命令。

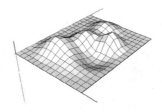

图 5.24　使用 5 次【曲面拉伸】命令形成的地形

5.2.5　平整地形

【曲面平整】命令的功能就是以建筑物底面为基准面，对地形物体进行平整。发出此命令有两种方式：一是单击工具栏中的【曲面平整】按钮；二是选择【工具】→【沙盒】→【曲面平整】命令。具体操作方法如下：

（1）在视图中将建筑物与地形放置到正确的位置，如图 5.25 所示。

（2）选择建筑物，然后单击工具栏中的【曲面平整】按钮 ，可以看到建筑物底面多了一个红色的矩形框，并且此时屏幕右下角的数值输入框中偏移值是 1000mm，如图 5.26 所示。

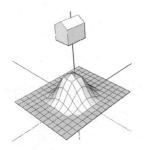
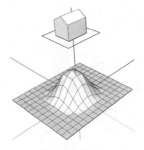

图 5.25　将建筑物与地形放置到正确的位置　　　图 5.26　发出【曲面平整】命令后的建筑物与地形

🔔注意：偏移值就是指建筑物底部的红色矩形框的相对大小，默认情况下为 1000mm，如图 5.27 所示的偏移值是 2000mm。

（3）移动光标到地形物体处，此时会看到光标变成一个建筑物的形状并且地形物体处于激活状态，如图 5.28 所示。

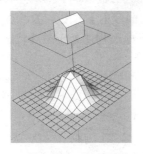
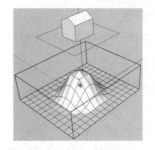

图 5.27　增大偏移后的建筑物与地形　　　图 5.28　处于激活状态的地形

（4）在地形表面处单击，会自动出现一个平台，光标也变成了上下箭头形状，上下移动光标，可以调整地形的高度，如图 5.29 所示。

（5）当完成地形的高度调整后，再次单击，如图 5.30 所示。

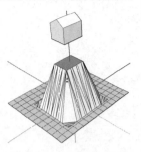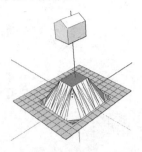

图 5.29　调整地形高度　　　　　　　　图 5.30　完成地形高度调整

（6）使用【移动/复制】工具将建筑物移动到刚刚平整的地形表面上，如图 5.31 所示。

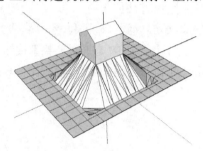

图 5.31　移动建筑物

注意：【曲面平整】命令就像建筑施工的第一步"平整场地"一样。这个命令常用于制作山地建筑、有一定复杂地形的建筑以及景观建筑。该命令可以很快地对地形进行平整，生成一个平台，使建筑物"站立"在上面。

5.2.6　创建道路

【曲面投射】命令的功能就是将平面的路网映射到崎岖不平的地形物体上，在地形上开辟出路网。发出此命令有两种方式：一是单击工具栏中的【曲面投射】按钮 ；二是选择【工具】→【沙盒】→【曲面投射】命令。具体操作方法如下：

（1）在视图中将道路的平面图与地形放置到正确的位置，如图 5.32 所示。

（2）选择道路平面图，然后单击工具栏中的【曲面投射】按钮，发出命令，移动光标到地形物体处，会看到光标变成一个道路的形状并且地形物体处于激活状态，如图 5.33 所示。

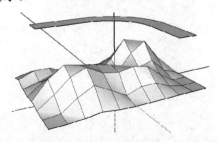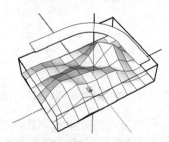

图 5.32　将道路的平面图与地形摆放到正确的位置　　图 5.33　发出【曲面投射】命令后的道路平面图与地形

🔔注意：为了便于操作，最好将道路平面图创建成一个群组。

（3）单击地形物体表面，可以看到此时出现了道路的轮廓线，如图 5.34 所示。

（4）隐藏道路的平面图，选择地形，然后选择【窗口】→【柔化边线】命令，弹出【柔化边线】对话框，进行如图 5.35 所示的设置。

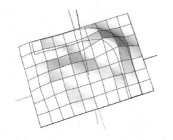

图 5.34　出现道路的轮廓线　　　　　　图 5.35　【柔化边线】对话框

（5）设置完成后，会看到地形中的边线减少了，如图 5.36 所示。双击地形物体，进入群组编辑模式，将多余的边线删除，如图 5.37 所示。

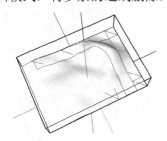

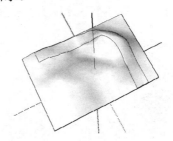

图 5.36　减少边线的地形　　　　　　　图 5.37　删除多余边线的地形

（6）分解群组。右击地形，在弹出的快捷菜单中选择【分解】命令，将此群组分解为一个一个的单独物体，完成操作。

5.2.7　细分地形

【添加细部】命令的功能就是将已经绘制好的网格物体进一步细分。细分的原因是原来的网格物体部分或全部的网格密度不够，需要重新调整。发出此命令有两种方式：一是单击工具栏中的【添加细部】按钮▓；二是选择【工具】→【沙盒】→【添加细部】命令。具体操作方法如下：

（1）双击需要进一步细分的网格，进入群组编辑模式，如图 5.38 所示。

（2）选择需要进一步细分的网格（根据需要也可以选择全部的网格）。本例选择 6 个相邻网格说明操作方法，如图 5.39 所示。

（3）单击工具栏中的【添加细部】按钮，可以看到此时所选择的网格已经重新划分，划分的原则是一个网格分成 4 块，共 8 个三角面，并且对相邻的未选择网格也进行了三角面的划分，如图 5.40 所示。

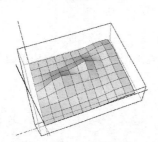

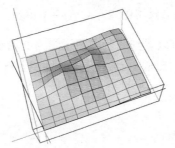

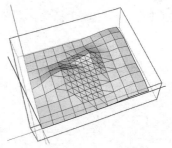

图 5.38　进入群组编辑模式　　　图 5.39　选择需要细分的网格　　　图 5.40　重新划分的网格

5.2.8　翻转角线

【翻转边线】命令的功能就是对四边形的对角线进行变换。发出此命令有两种方式：一是单击工具栏中的【翻转边线】按钮；二是选择【工具】→【沙盒】→【翻转边线】命令。具体操作方法如下：

（1）打开一个网格地形文件，如图 5.41 所示。

（2）选择【视图】→【隐藏几何图形】命令，将隐藏的对角线显示出来，如图 5.42 所示。

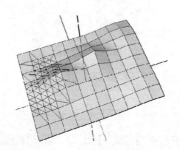

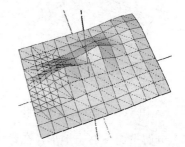

图 5.41　原网格地形文件　　　　　　　图 5.42　显示对角线的地形文件

🔔注意：三角形是最稳定的结构形式，所以在三维软件中，最小的面单位就是三角面。

（3）双击地形，进入群组编辑模式。单击工具栏中的【翻转边线】按钮，再单击需要转换的对角线，对角线自动转换过来。通过比较图 5.43 左侧的地形，可以看到图 5.43 右侧地形中的一部分对角线已经进行了转换。

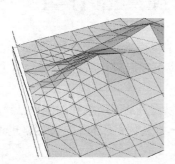

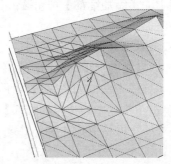

图 5.43　转换对角线

中篇 建　　模

第6章　室内场景的建模

在 SketchUp 应用中，室内场景的建模是最广泛的。由于软件的易操作性，很多室内设计公司、厨柜设计公司都转向使用 SketchUp 建立模型。对于要求不高的客户，可以直接在 SketchUp 中赋予材质，输出效果图；对于要求较高的客户，可以将 SketchUp 的模型导入到其他渲染器中（如 Lightscape、Artlantis 等）渲染成图。

在室内设计中，往往要对一套住房的全部房间进行布局设计。但是，设计师往往只需对最主要的房间——客厅作出表现效果图给客户审核。本章以一个具体室内设计案例中客厅的建模为例，来说明使用 SketchUp 作图的流程。

6.1　建立大体空间

无论使用什么软件建立室内模型，都需要先建立一个封闭的空间。SketchUp 的单面建模法非常适合建立室内场景，使用【线】工具画出底面，然后推拉出一个层高即可。

6.1.1　分析方案图

在 SketchUp 中作图必须获取客厅的尺寸。这就需要分析本例中使用 AutoCAD 绘制的平面布置图，如图 6.1 所示，左侧的客厅和右侧的餐厅是需要重点表现的对象，而走廊后侧不可见的部分可以采用封闭的面来表示，这就是常用的"虚实对比"的手法。重点内容重点表现，次要环节虚化处理，通过"虚实对比"来增加空间感与立体感。

🔔注意：因本章建立的是室内模型，所以使用 SketchUp 建模时，必须使用客厅内墙线的尺寸。

6.1.2　绘制客厅的大体尺寸

通过上述的分析，对房型方案有了一个基本的了解。但是图 6.1 中的尺寸太细太碎，不利于作图，应去掉一些不需要的细节。针对本节中建立大体空间的轮廓，绘制如图 6.2 所示的草图。这样，就可以方便地在 SketchUp 中使用【线】工具绘制客厅的底面图。

🔔注意：可以直接在纸上绘制草图，然后使用 SketchUp 建模时参照草图即可。读者也可以在 AutoCAD 中直接绘制这样的图纸，然后导入到 SketchUp 中直接推拉建模。这种方法在本书的下篇中将有介绍。

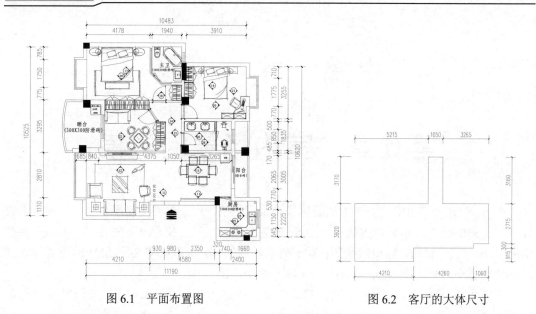

图 6.1 平面布置图   图 6.2 客厅的大体尺寸

6.1.3 设置绘图环境

SketchUp 启动后默认的绘图单位是美制的英寸，而我国建筑制图的规范要求是以"毫米"为单位，这就需要重新设置绘图的单位。具体操作步骤如下：

（1）双击桌面上的 Google SketchUp 8 快捷方式图标，启动 SketchUp。

（2）选择【窗口】→【模型信息】命令，弹出【模型信息】对话框。选择【单位】选项卡，设置如图 6.3 所示的参数。

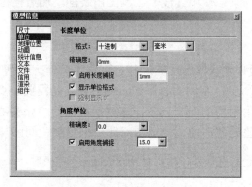

图 6.3 【模型信息】对话框

6.1.4 绘制客厅的大体空间

SketchUp 中的【线】工具非常强大，用户可以像 AutoCAD 一样直接输入尺寸来绘制线段，并且类似于 AutoCAD 的对象捕捉与追踪的功能。具体操作步骤如下：

（1）参照图 6.2 中的大体尺寸，使用【线】工具完成客厅底面的绘制，如图 6.4 所示。

（2）按住鼠标中键不放进行拖动，进入三维视图。使用【推/拉】工具将绘制好的底图向上拉伸 2900，表明房间的净高为 2900mm，如图 6.5 所示。

图 6.4 绘制客厅的底面

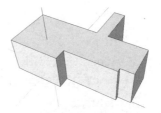

图 6.5 拉伸房间高度

（3）此时模型的黄色正面朝外，蓝色反面向内，不符合室内建模的要求（室内的模型要求是黄色的正面统一向内，而蓝色的反面是朝外的）。右击任意一个面，在弹出的快捷菜单中选择【反转平面】命令，再次右击这个面，在弹出的快捷菜单中选择【确定平面的方向】命令。这样，就将黄色的正面翻转到内侧去了。

注意：在建立室内模型时，黄色的正面向内；建立室外模型时，黄色的正面向外。这样的表面方向千万不能错。如果表面方向不统一，后期就需要一个面一个面地进行翻转调整，非常麻烦。

6.2 建立门窗

在 SketchUp 中，对于形式并不复杂的门窗，可以直接绘制出门窗的轮廓，然后使用【推/拉】工具推出一个厚度即可。其中，轮廓线可以直接画出，也可通过 CAD 图纸直接导入，然后描绘出来。对于形体复杂的门窗，可以直接从组件库中调用。本节将讲述建立门窗的两种方法。

6.2.1 直接绘制门窗

直接绘制门窗是一种比较直接的方法，也体现了 SketchUp 简易而快速建模的特点。这里绘制客厅左侧宽 2180mm 的落地窗，位置如图 6.1 所示。具体操作步骤如下：

（1）右击模型顶面，在弹出的快捷菜单中选择【隐藏】命令，将顶面隐藏，便于后面作图。

（2）选择客厅的一条边线，移动 2180mm 的距离，定位窗宽，如图 6.6 所示。

（3）使用【卷尺】工具，将整个落地窗的尺寸定位，如图 6.7 所示。

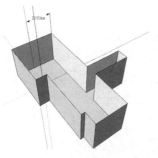

图 6.6 定位落地窗窗宽

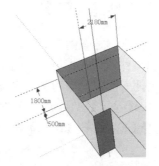

图 6.7 落地窗尺寸定位

（4）使用【矩形】工具，绘制出落地窗的轮廓，并用【推/拉】工具推出 600mm 的窗台厚度，如图 6.8 所示。

下面绘制宽 980mm 的入户门。具体操作步骤如下：

（1）使用【卷尺】工具定位出门的位置，高为 2100mm。再使用【矩形】工具绘制出门的轮廓，如图 6.9 所示。

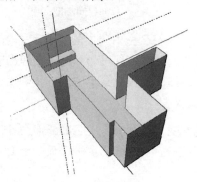

图 6.8　绘制落地窗

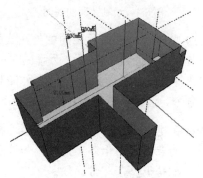

图 6.9　门的轮廓

（2）使用【推/拉】工具将门向外侧推出 100mm 的厚度，如图 6.10 所示。然后使用同样的方法完成厨房与卫生间的门的绘制，如图 6.11 所示。

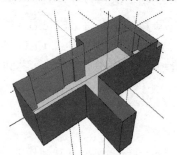

图 6.10　门的绘制

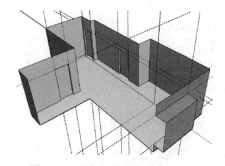

图 6.11　厨房与卫生间的门的绘制

注意：使用 SketchUp 快速制作方案时，一般不需要制作门框与窗框这样的细节。如果需要制作精细的效果图，需增加相应细节，或者用 6.2.2 节讲到的组件直接制作门窗。为了加快作图速度，建议读者在模型全部建立后再赋予材质。

6.2.2　使用组件建立门窗

使用组件建立门窗有两个好处，即速度快和细节丰富。配书光盘中有大量的组件供读者选择，门窗组件的样式也很多，基本可以满足一般情况下的作图。本例通过在餐厅通向阳台的入口处插入两扇窗口为例，来说明组件的运用方法。具体操作步骤如下：

（1）使用【卷尺】工具定出门的位置，门高为 2100mm。

（2）选择【窗口】→【组件】命令（如图 6.12 所示），弹出【组件】对话框，如图 6.13 所示。

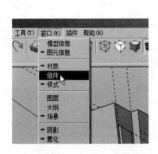

图 6.12　载入组件

图 6.13　【组件】对话框

（3）选择 Architecture→Doors 命令，再选择需要的门的样式，如图 6.14 所示。

（4）拖动选择的门到用辅助线绘制的门洞处，SketchUp 会自动将这个门的组件与用辅助线绘制的门洞的尺寸相匹配，如图 6.15 所示。

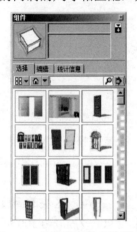

图 6.14　选择需要的门的样式

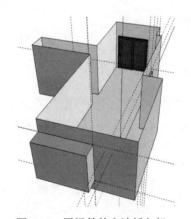

图 6.15　用组件的方法插入门

📖说明：平常使用 SketchUp 进行建模时，如果有比较好的局部模型，如门、窗或家具等，
　　　　应及时制作成组件，便于下一次使用时直接调用。

6.3　建立吊顶

　　天花吊顶的构思是室内设计的重要环节之一，也是方案的三维空间表达的关键点之一。室内设计公司往往使用 AutoCAD 绘制的平面图来表示吊顶，这时业主很难明白设计师的三维构思。如果使用 3ds Max 输出的效果图，又需要很长的时间。而使用 SketchUp 绘制的吊顶可以让业主一目了然，而且作图与修改的速度也很快，非常适合当今的设计需要。

6.3.1 分析天花吊顶图

对天花吊顶图进行分析后，可绘制出客厅吊顶的草图，便于建模时参照尺寸。这时，只需要记下吊顶的尺寸轮廓线及相应区位的高度，而不需要材料标注与灯具，如图6.16所示。注意，空间最高处距地 2900mm，最矮处距地 2400mm。这样就可以使用【线】工具画出吊顶轮廓，然后按照实际的高度进行推拉建模。

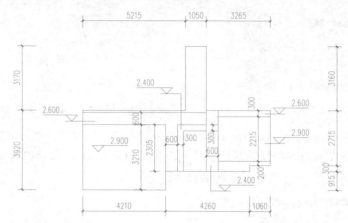

图6.16 客厅处吊顶尺寸

6.3.2 建立吊顶的模型

吊顶建模同样是在前面模型的基础上用单面推拉生成，具体操作步骤如下：

（1）选择【编辑】→【显示】→【全部】命令，将隐藏的物体全部显示出来。

（2）使用【线】工具，参照图6.16中的吊顶尺寸，在顶面上绘制出吊顶的轮廓线，如图6.17所示。

（3）使用【推/拉】工具，参照图6.16中的吊顶标高，将每一区块的高度推拉出来。例如，这一区块的标高为 2.600m，那么就需要向下推出 2.900-2.600=0.300m=300mm。全部吊顶推拉完成后如图6.18所示。

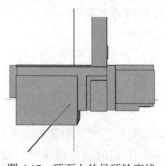

图6.17 顶面上的吊顶轮廓线

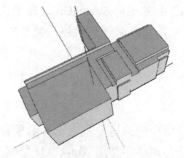

图6.18 吊顶推拉完成后

（4）单击【X光模式】按钮，观察模型效果，如图6.19所示。

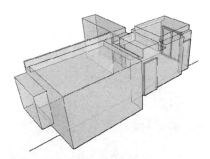

图 6.19　【X 光模式】下的模型

注意：在建筑设计、室内设计作图中，平面图形的标注单位为毫米（mm），而标高的标注单位为米（m）。在作图时，计算机作图是统一使用毫米为单位的，因此需要对标高单位进行换算。

6.4　其他细节

建立好空间的模型后，还需要对场景进行一些修饰，使模型更加丰富。通常要做的工作是加入踢脚线与家具。增加细节要把握一个尺度，不能过于拘泥于小构件的造型，不能矫揉造作，只需对大块的面部位做一些过渡与变化即可。

6.4.1　增加踢脚线

踢脚线一般距地面 120mm，厚度为 20mm。但是在制作效果图时，可以适当增加踢脚线的厚度，这样可以增强立体感。通常建议将厚度设为 40mm。

绘制踢脚线的轮廓有两种方法：一是直接在距地面 120mm 的位置画线；二是将底面向上复制 120mm，然后删除复制的面和门洞处的多余的线条。本例将使用更为简捷的第二种方法，具体操作步骤如下：

（1）选择底面，使用【移动/复制】工具，并按住 Ctrl 键，将底面向上复制 120mm。然后将底面隐藏，以方便作图，如图 6.20 所示。

（2）删除复制后的面，再删除在门洞处多余的线条，得到踢脚线的轮廓，如图 6.21 所示。

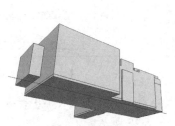

图 6.20　复制底面

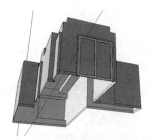

图 6.21　踢脚线的轮廓

（3）使用【推/拉】工具，直接将踢脚线向室内推出 40mm 的厚度。注意，第一次选择面推出 40mm 后，第二次只需双击要推拉的面即可。完成后显示所有图形，单击【X 光模式】按钮，检查踢脚线的位置与厚度，如图 6.22 所示。

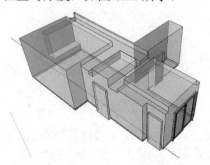

图 6.22　踢脚线的绘制

6.4.2　加入家具

加入家具有两种方法：一是直接调用组件库中的家具；二是导入 3ds Max 制作的家具模型。第一种方法简单明了，模型非常精简，但是可使用的新潮家具组件较少。第二种方法可选的家具很多，如市面上流行的异咤风云模型库、国广模型库等。这些模型都非常精细，但是面较多，显示运行速度会变慢。由于本章中创建门窗使用了调用组件库的方法，所以这里介绍导入 3ds Max 制作的家具模型。具体操作步骤如下：

（1）选择【文件】→【导入】命令，弹出【打开】对话框。在【文件类型】下拉列表框中选择 3DS Files (*.3ds)，在浏览区中找到需要加入的 3DS 文件的家具模型（配书光盘提供），如图 6.23 所示。

（2）单击【选项】按钮，弹出【3DS 导入选项】对话框，设置如图 6.24 所示的参数。依次单击【确定】、【打开】按钮，将模型导入场景。

图 6.23　【打开】对话框

图 6.24　【3DS 导入选项】对话框

（3）依次将餐桌、电视和沙发这 3 组模型导入场景，按照实际大小进行缩放，并且移动到相应的位置，单击【X 光模式】按钮，效果如图 6.25 所示。

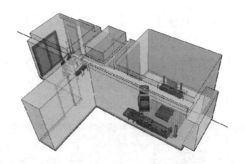

图 6.25　将家具导入场景后的效果图

> **注意：** 加入 3ds Max 模型时，会占用较多的系统资源，配置较低的计算机运行速度会降低。如果只用 SketchUp 建模，而使用与 3ds Max 兼容的渲染器（如 Lightscape、VRay 等）渲染，则可以将 SketchUp 的模型导入到 3ds Max 后再加入家具模型。这种方法在本书的下篇中有介绍。

6.5　赋予材质

材质与贴图是表现模型质感的主要手段之一。虽然 SketchUp 的材质无法与 3ds Max 相比，但是快速的质地表现成为 SketchUp 的主要优点。

6.5.1　赋予墙面与天花乳胶漆材质

现代室内设计中，墙面最流行的材质就是纯白色的乳胶漆。赋予该材质的具体操作步骤如下：

（1）隐藏底面和家具，以便作图。选择【窗口】→【材质】命令，弹出【材质】对话框。

（2）将材质名称设为"乳胶漆"，调整颜色为纯白，调整亮度为最大，设置【不透明】为 100，如图 6.26 所示。单击【关闭】按钮，完成乳胶漆材质的调整。

（3）单击需要赋予材质的墙体与天花，将配置好的纯白色的乳胶漆材质指定到模型的表面。

> **注意：** 由于绘制的是室内设计图，所以指定材质时一定要在内部完成，即单击黄色的正面，以赋予材质。

图 6.26　材质调整设置

6.5.2　赋予地板材质

在室内设计中，为了区别客厅的公共空间与卧室的私密空间，往往会使用不同材质的地面铺作。一般情况下，客厅会使用硬质材料，如地板砖，而卧室会使用软质材料，如木地板。本例中，对客厅使用地板砖的材质，并且使用贴图来表现。具体操作步骤如下：

（1）选择【编辑】→【显示】→【全部】命令，将隐藏的地面显示出来，然后隐藏一个侧面便于作图。

（2）选择【窗口】→【材质】命令，弹出【材质】对话框。将材质名称设为"地板"，选中【使用纹理图像】复选框，弹出【选择图像】对话框，如图 6.27 所示。选择所需要的贴图，此处选择 MarbleTile-YM.jpg 贴图。

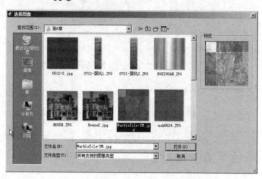

图 6.27　【选择图像】对话框

（3）依次单击【打开】、【添加】按钮，将此材质加入到材质库中。

（4）单击地面，将设置好的材质赋予模型，如图 6.28 所示。

（5）选择【窗口】→【材质】命令，弹出【材质】对话框，将材质名称设为"地板"，选中【使用纹理图像】复选框。由于贴图过小，需要高速贴图坐标，将贴图坐标设置为 500mm×500mm，并且将亮度调亮一些，如图 6.29 所示。单击【关闭】按钮，关闭对话框，观察贴图的状况。

图 6.28　赋予材质

图 6.29　调整贴图

6.5.3　赋予踢脚线材质

在绝大多数情况下，踢脚线采用的都是木材质。因此在本例中，使用木纹贴图来表现踢脚线。具体操作步骤如下：

（1）选择【编辑】→【取消隐藏】→【全部】命令，将隐藏的侧面显示出来，然后隐藏底面，便于作图。

（2）选择【窗口】→【材质】命令，弹出【材质】对话框。将材质名称设为"踢脚线"，选中【使用纹理图像】复选框，弹出【选择图像】对话框，如图 6.30 所示。在浏览窗口中选择所需要的贴图，此处选择 Wood-cherry.jpg 木纹贴图。

（3）依次单击【打开】、【添加】按钮，将此材质加入到材质库中。

（4）单击踢脚线，将设置好的材质赋予模型，如图 6.31 所示。

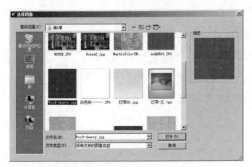

图 6.30　【选择图像】对话框

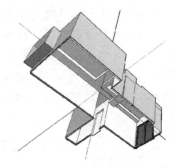

图 6.31　踢脚线材质

注意：由于踢脚线贴图较小，可以考虑不调整贴图坐标。

6.5.4　门窗的材质

门的材质与踢脚线材质类似，只不过要将贴图坐标调整为 900mm×2100 mm（门的长×宽）。窗的材质可以直接使用材质编辑器中默认的 Blue Glass（蓝色透明玻璃）材质。然后显示所有的隐藏图形，单击【X 光模式】按钮，效果如图 6.32 所示。

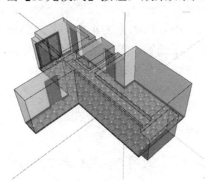

图 6.32　全部材质

注意：这时已经完成了全部模型的建立，可以考虑输出简易的效果图或演示动画。

第7章 建筑设计

在 SketchUp 应用中，建筑设计也是一个重要的方面。由于软件价格、操作和表现形势上的优势，很多建筑设计院、设计公司以及建筑师事务所都转向使用 SketchUp 制作方案。对于要求不高的客户，可以直接在 SketchUp 中赋予材质，输出效果图；对于要求较高的客户，可以生成建筑漫游动画，让客户身临其境地在建筑群内外"遨游"。

在建筑设计中，设计师往往要对建筑物内外全部空间进行布局设计。但是，在绘制建筑效果图时，只需要对建筑的外墙部分建模，可以忽略建筑物内部的各项构件。本章以设计一梯二户的 8 层坡屋顶住宅为例，来说明单体建筑设计。

7.1 建立一、二层主体建筑

住宅建筑的楼层一般分为 3 个部分：底层、中间层和顶层。出于安全的考虑，底层建筑不设置阳台，有时底层就是一层，有时底层由一层、二层组成。本例中将一、二层放在一起建模。中间层与底层的区别就是设置了阳台，而顶层与其他层的区别主要是设置了与屋顶结合的空间。

7.1.1 分析方案图

首先观察如图 7.1 所示的底层平面图。此住宅是一梯二户南北向的建筑。房间设置为四室二厅二卫，建筑面积较大，屏幕的上方为正北向。外墙的门、窗主要设置在南面与北面。在建筑物的南侧，设置了几个凸窗。单元的主入口在建筑物一层的正北向。由于是绘制建筑外效果图，只需要建立外墙所在的建筑构件，如门、窗以及阳台等。

在正式建模之前，先要定出建筑物垂直方向的尺寸，平面上的尺寸可以参照平面图。本例中主要的纵向尺寸如下。

❑ 层高：一、二层为 3.6m，中间层为 3m。

🔔注意：一、二层的层高略高一些，是因为此处的部分房间需要设置为商铺。

❑ 门高：2100mm。
❑ 窗台高：800mm。
❑ 窗高：1500mm。
❑ 高窗窗台高：1800mm。
❑ 高窗窗高：500mm。
❑ 阳台栏杆高：900mm。

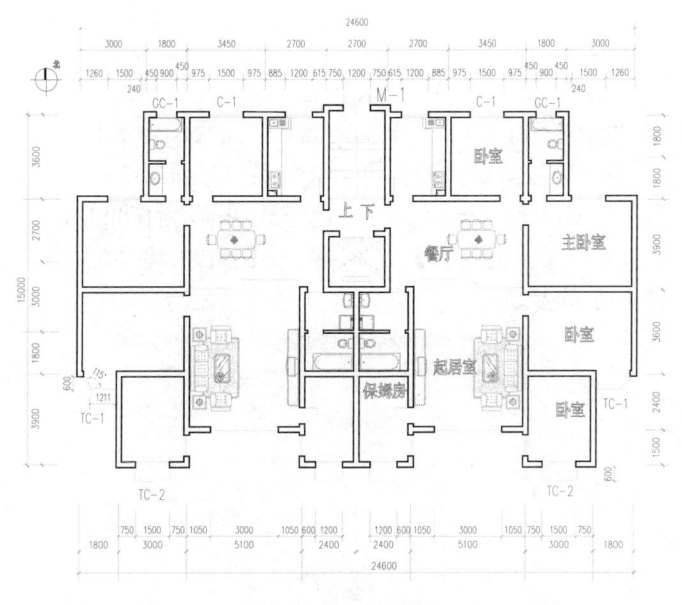

图 7.1 底层平面图

📢注意：在绘制建筑效果图时，纵向的尺寸可以从立面图、剖面图中找出来，也可以通过经验值估算出来。效果图只需要表达大概的比例，有时甚至可以用主观的方式去表现建筑物。

7.1.2 描绘主体建筑的大体尺寸

通过上述的分析，对建筑方案有了一个基本的了解。但是图 7.1 中的尺寸太细太碎，不利于作图，应去掉一些不需要的细节。针对本例将建立外建筑模型，绘制如图 7.2 所示的平面轮廓草图。这样，就可以方便地在 SketchUp 中使用【线】工具绘制一层平面图。

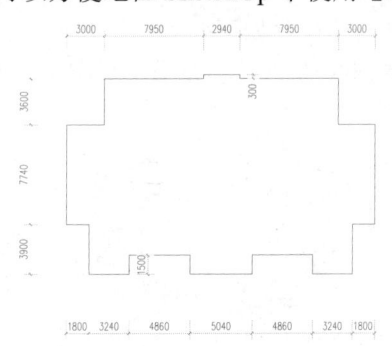

图 7.2 平面轮廓草图

📢注意：可以直接在纸上绘制草图，然后使用 SketchUp 建模时参照草图即可。读者也可以在 AutoCAD 中直接绘制这样的图纸，然后导入到 SketchUp 中直接推拉建模，不过这种方法适用于平面图形较复杂的案例。本例中一层平面图的图形很简单，建议读者直接在 SketchUp 中画出平面图。导入 CAD 图形的方法在本书的下篇中有介绍。

7.1.3　设置绘图环境

SketchUp 启动后默认的绘图单位是美制的英寸，而我国建筑制图的规范要求是以"毫米"为单位。这就需要重新设置绘图的单位。具体操作步骤如下：

（1）双击桌面上的 Google SketchUp 8 快捷方式图标，启动 SketchUp。

（2）选择【窗口】→【模型信息】命令，弹出【模型信息】对话框。选择【单位】选项卡，调整如图 7.3 所示的参数。

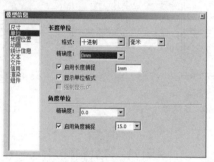

图 7.3　【模型信息】对话框

⊙注意：国标要求在建筑制图中平面尺寸以毫米为单位，纵向的标高尺寸以米为单位。但是在使用计算机绘图时，不论是什么软件，都必须将系统单位设置为毫米，只是在标高标注时改为米为单位即可。

7.1.4　推出一层主体建筑

一层的主体建筑就是通过使用【推/拉】工具将绘制的平面底图向着蓝色轴（Z 轴）正方向拉出 3600mm（一层的层高），这种操作方法前面介绍了很多次，是 SketchUp 从二维到三维的最主要的方法。具体操作步骤如下：

（1）在 SketchUp 中绘制出一层平面的底图，如图 7.4 所示。底图的平面尺寸参照图 7.2 中的尺寸标注。

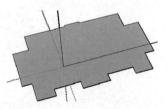

图 7.4　绘制出平面底图

（2）单击工具栏中的【推/拉】按钮，将底面向上的蓝色的面沿着蓝色轴正方向拉伸 3600mm，如图 7.5 所示。

⊙注意：由于是绘制室外的效果图，所以黄色的正面是向外的，蓝色的反面是向内的。这是 SketchUp 默认的设置，不用翻转。

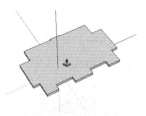
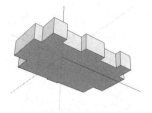

图 7.5　拉伸出一层的高度

7.2　绘　制　门　窗

本节中将分别介绍在一层楼中外墙处的门、窗、高窗和凸窗的画法，来说明使用 SketchUp 进行建筑设计时的具体操作方法。

7.2.1　绘制门

一层楼的外墙处只有一个门，就是单元入口处的门 M-1，具体位置参见图 7.1 所示的底层平面图。这个门的门宽为 1200mm，是一个向外开启的双开门，具体绘制方法如下：

（1）转动视图，将门 M-1 所在的位置放在屏幕居中处，如图 7.6 所示。

（2）使用【卷尺】工具，绘制出门高的辅助线，辅助线距离地面 2100mm，如图 7.7 所示。

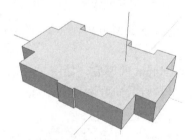
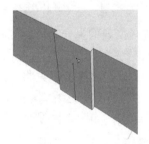

图 7.6　转动视图　　　　　　　　　　　图 7.7　绘制出门高辅助线

（3）使用【卷尺】工具，从边线以 750mm+120mm=870mm（750mm 是门边线距轴线的距离，120mm 是墙厚的一半）的偏移距离绘制出两条辅助线，如图 7.8 所示。

（4）使用【矩形】工具绘制出门的轮廓线，如图 7.9 所示。

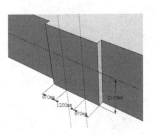
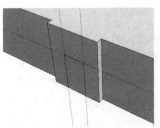

图 7.8　绘制门的辅助线　　　　　　　　图 7.9　绘制出门的轮廓线

（5）选择门轮廓线的左侧、右侧和上侧的 3 条线，并使用【偏移/复制】工具将这 3 条线向外侧偏移 100mm，如图 7.10 所示，这个区域就是门框的轮廓。

（6）选择门框区域，使用【推/拉】工具向外侧拉出 200mm，如图 7.11 所示。

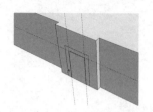
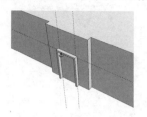

图 7.10　偏移出门框的轮廓　　　　　　图 7.11　拉伸出门框的厚度

（7）使用【线】工具将门的上、下两条边的中点连接起来。因为门 M-1 是双开向的门，如图 7.12 所示。

（8）选择门扇的一个面，使用【偏移/复制】工具将其向内侧偏移 60mm，如图 7.13 所示，这是门扇玻璃的位置。

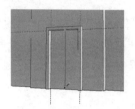
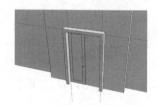

图 7.12　绘制门的中线　　　　　　　　图 7.13　偏移出门扇玻璃

（9）选择门扇的另一个面，同样使用【偏移/复制】工具向内侧偏移 60mm。这时两扇门及玻璃的位置都定出来了，如图 7.14 所示。

（10）使用【推/拉】工具将玻璃向内侧推出 100mm 的厚度，如图 7.15 所示。

（11）选择另一块门玻璃，也使用【推/拉】工具将其向内侧推出 100mm 的厚度，完成门 M-1 的建模，如图 7.16 所示。

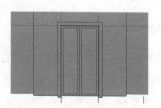

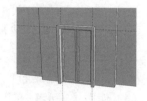

图 7.14　两扇门及玻璃　　　　图 7.15　推出玻璃的厚度　　　　图 7.16　门 M-1 的模型

🔔注意：此时门 M-1 的模型已经完成，对于此门材质的赋予可以立即操作，也可以将全部模型建完后再操作。前者比较适合绘图者个体作业，后者比较适合团队批量作业。本例中使用前一种方法。另外，需要注意的是，本例中的建筑效果图只使用 SketchUp 绘制，不导入到其他渲染器中进行渲染，所以这样赋予材质的方法与导入 3ds Max 中的方法不一样。将 SketchUp 的模型导入到 3ds Max 中赋予材质的方法在本书的下篇中将有详细的介绍。

（12）赋予材质。选择【窗口】→【材质】命令，弹出如图 7.17 所示的【材质】对话框，在【选择】选项中的下拉列表框中选择【材质】选项，准备赋予门的材质。

（13）门 M-1 的材质由 3 个部分组成，即门框、门板和玻璃。本例中的所有玻璃使用统一材质。在【材质】对话框中选择【材质库】选项，再选择【半透明材质】类中的 Blue Glass（蓝色透明玻璃）材质作为本例所有玻璃的材质，如图 7.18 所示。

图 7.17　【材质】对话框

图 7.18　选择玻璃材质

（14）单击门中的两块玻璃，将玻璃材质赋予它们，如图 7.19 所示。

（15）在【材质】对话框中设置塑钢材的参数，如图 7.20 所示。注意，此材质的颜色为纯白。

（16）单击门中的门板，将设置好的塑钢材质赋予它，如图 7.21 所示。

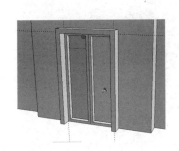

图 7.19　赋予玻璃的材质

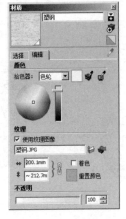

图 7.20　设置塑钢材质

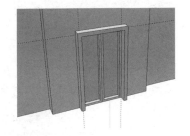

图 7.21　赋予门板塑钢材质

（17）在【材质】对话框中选择【材质库】选项，再选择【木质纹】类中的 Wood-cherry 材质，如图 7.22 所示。

（18）单击门中的门框，将设置好的材质赋予它，如图 7.23 所示。

（19）选择门的全部构件并右击，在弹出的快捷菜单中选择【创建组】命令，将门的全部构件建立成一个物体，便于操作，如图 7.24 所示。

图 7.22 选择门的材质

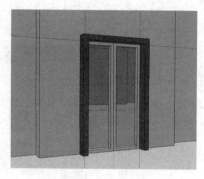

图 7.23 赋予门框材质

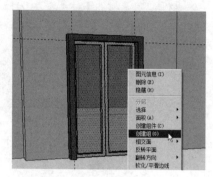

图 7.24 创建组

注意：创建组这一步非常关键。因为门已经建好了，下面再进行的操作就不会影响这个物体。

（20）删除不需要的辅助线，完成门的创建。

7.2.2 绘制窗

一层楼中窗户很多，这里以建筑物北侧的窗 C-1 为例，来说明窗的绘制方法。在一层平面中，有两个窗 C-1，具体位置参见图 7.1 所示的底层平面图，只需绘制一个窗，然后对其进行复制为另一个窗。这个窗的窗宽为 1500mm，具体绘制方法如下：

（1）转动视图，将 C-1 所在的位置放在屏幕上便于操作处，如图 7.25 所示。

（2）使用【卷尺】工具绘制出窗台高和窗高的辅助线，两条辅助线分别距离地面 800mm 和 2300mm，如图 7.26 所示。

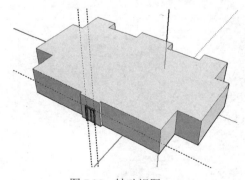

图 7.25 转动视图

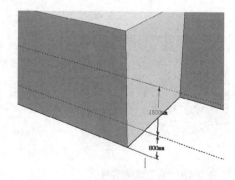

图 7.26 绘制窗台高和窗高的辅助线

（3）使用【卷尺】工具将边线偏移 1800mm+975mm+120mm=2895mm（1800mm 是轴线宽、975mm 是窗线边距、120mm 是半墙厚），将辅助线再次偏移 1500mm 的窗宽，如图 7.27 所示。此时窗的轮廓线就形成了。

（4）使用【矩形】工具，将窗的轮廓线绘制出来，如图 7.28 所示。

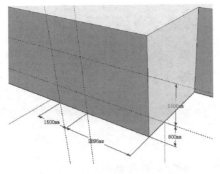
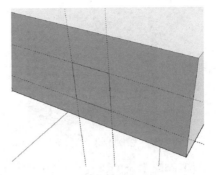

图 7.27　绘制窗两侧的辅助线　　　　　　图 7.28　绘制窗的轮廓线

（5）使用【推/拉】工具向内侧推入 200mm，形成窗洞，如图 7.29 所示。

（6）使用【偏移/复制】工具将窗向内侧偏移 60mm，形成最外侧的窗框，如图 7.30 所示。

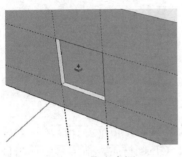
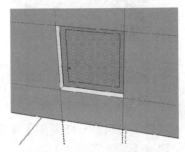

图 7.29　推出窗洞　　　　　　　　　　图 7.30　偏移出窗框

（7）使用【卷尺】工具将窗框上侧向下偏移 400mm，形成另一条辅助线，这就是亮子的分割线，并用直线将这条辅助线与窗框连接起来，如图 7.31 所示。

（8）使用【线】工具将亮子分割线与窗框底部各自的中点连接起来，如图 7.32 所示。这就是窗户可开启两部分的纵向分割线。

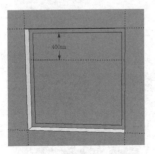
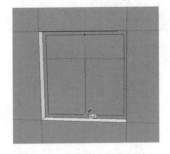

图 7.31　绘制亮子分割线　　　　　　　图 7.32　绘制纵向分割线

（9）绘制一条与亮子分割线共面、平行且相距 60mm 的直线，如图 7.33 所示。

（10）绘制纵向分割线的左平行线与右平行线，这两条平行线与位于中间的纵向分割线都相距 30mm，如图 7.34 所示。

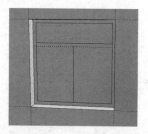

图 7.33　绘制亮子分割线的平行线

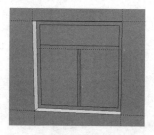

图 7.34　绘制纵向分割线的平行线

（11）删除多余的直线，如图 7.35 所示，此时窗框绘制完成。

（12）使用【推/拉】工具将窗框所在的面向外拉出 100mm，此时窗的建模绘制完成，如图 7.36 所示。下面介绍窗的材质。

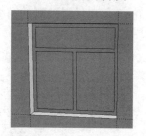

图 7.35　删除多余直线

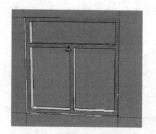

图 7.36　窗框的模型

（13）选择【窗口】→【材质】命令，弹出【材质】对话框。在【选择】选项卡的下拉列表框中选择【半透明材质】选项，再选择 Blue Glass 材质，在屏幕中单击玻璃，将其赋予该材质，如图 7.37 所示。

（14）在【材质】对话框中选择塑钢材质，在屏幕中单击窗框，将其赋予该材质，如图 7.38 所示。

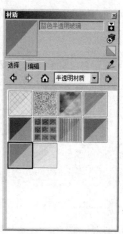

图 7.37　赋予玻璃材质

图 7.38　赋予窗框材质

（15）选择窗的全部构件并右击，在弹出的快捷菜单中选择【创建组】命令，将窗 C-1 的全部构件建立成一个组，便于操作，如图 7.39 所示。

（16）复制另一侧的窗 C-1。使用【卷尺】工具，将另一侧的边线偏移 2895mm 形成一条辅助线，这条辅助线是复制时的定位线，如图 7.40 所示。

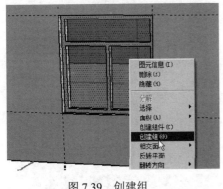

图 7.39　创建组

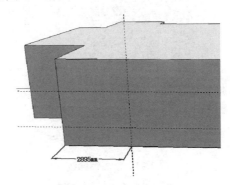

图 7.40　复制的定位线

（17）选择已经绘制好并成组的窗 C-1，单击工具栏中的【移动/复制】按钮，并按住 Ctrl 键不放，向另一侧方向移动并复制，如图 7.41 所示。

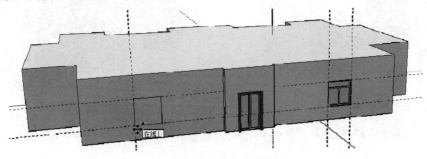

图 7.41　复制另一侧的窗

注意：复制时要使用自动捕捉端点，这样移动复制时定位精确。另外，一层楼中还有其他一些窗，读者可以按照此方法自行练习，此处不再重复介绍。

（18）删除多余的辅助线，完成窗 C-1 的绘制。

7.2.3　绘制高窗

一层楼中有两处高窗，本例以建筑物北侧的高窗 GC-1 为例，来说明高窗的绘制方法，具体位置参见图 7.1 所示的底层平面图。所谓高窗就是指窗台较高，常用于卫生间开窗。本例中高窗窗台高为 1800mm，窗高为 500mm，窗宽为 900mm。具体绘制方法如下：

（1）使用【卷尺】工具绘制出窗台高和窗台的辅助线，两条辅助线依次距离地面 1800mm 和 2300mm，如图 7.42 所示。

（2）使用【卷尺】工具，将右侧的边线向左偏移 450mm+120mm=570mm（450mm 是窗线边距、120mm 是半墙厚），将辅助线再次向左偏移 900mm（900mm 是高窗的宽度），如图 7.43 所示。此时，窗的轮廓线就形成了。

（3）使用【矩形】工具，将窗的轮廓线绘制出来，如图 7.44 所示。

（4）使用【推/拉】工具，将窗向内推进 200mm，形成窗洞，如图 7.45 所示。

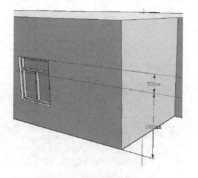

图 7.42　窗高辅助线

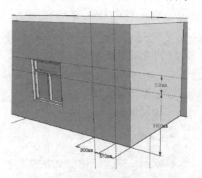

图 7.43　窗宽辅助线

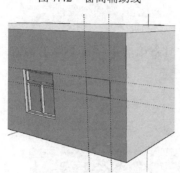

图 7.44　绘制窗的轮廓线

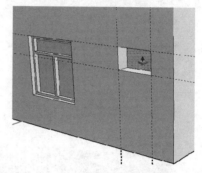

图 7.45　推出窗洞

（5）使用【偏移/复制】工具，将窗向内侧偏移 100mm，形成窗框的轮廓，如图 7.46 所示。

（6）使用【推/拉】工具，将窗框向外侧拉出 100mm，形成窗框的厚度，如图 7.47 所示。

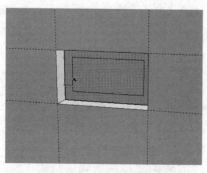

图 7.46　形成窗框的轮廓

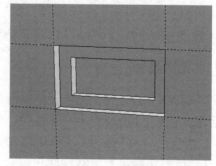

图 7.47　形成窗框

（7）选择【窗口】→【材质】命令，弹出【材质】对话框，在【选择】选项卡的下拉列表框中选择【半透明】选项，选择 Blue Glass 材质，在屏幕中单击玻璃，将其赋予该材质，如图 7.48 所示。

（8）在【材质】对话框中选择塑钢材质，在屏幕中单击窗框，将其赋予该材质，如图 7.49 所示。

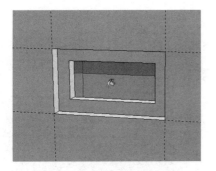

图 7.48　高窗玻璃的材质

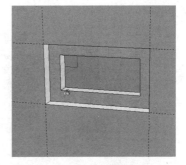

图 7.49　高窗窗框的材质

（9）选择窗的全部构件并右击，在弹出的快捷菜单中选择【创建组】命令，将高窗 GC-1 的全部构件建立成一个组，便于操作，如图 7.50 所示。

（10）使用【卷尺】工具将另一侧的边线偏移 570mm 形成一条辅助线，这条辅助线是复制时的定位线，如图 7.51 所示。

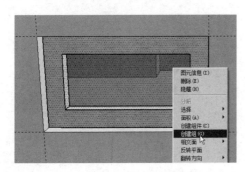

图 7.50　创建组

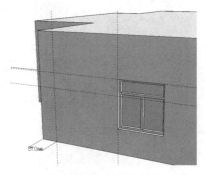

图 7.51　复制的定位线

（11）选择已经绘制好并成组的高窗 GC-1，单击工具栏中的【移动/复制】按钮，并按住 Ctrl 键不放，向另一侧方向移动并复制，如图 7.52 所示。

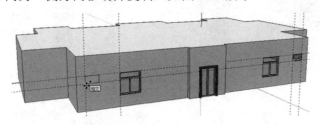

图 7.52　复制另一侧的高窗

7.2.4　绘制凸窗

此方案中共有两种类型的凸窗：TC-1 与 TC-2，具体位置如图 7.1 所示。由于凸窗向外凸出开窗，不仅可以增大采光面积，而且丰富立面构图，增强层次感，是现代民用建筑设计中常见的构件。TC-1 是一个转角的梯形凸窗，TC-2 是矩形凸窗。本例中以凸窗 TC-1 为例，来说明凸窗的建模方法。凸窗在本章中是最难建立的模型，具体操作方法如下：

（1）使用【卷尺】工具，将边线向右侧偏移 600mm，形成一条辅助线，如图 7.53

所示。

（2）使用【线】工具，沿着辅助线绘制一条长 1211mm 的直线，如图 7.54 所示。

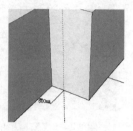
图 7.53　偏移辅助线

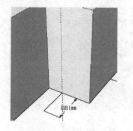
图 7.54　绘制直线

（3）使用【量角器】工具，以直线的端点为圆心，绘制出一条角度为 115°的辅助线，如图 7.55 所示。

（4）使用【线】工具，沿着辅助线将直线与边线连接起来，如图 7.56 所示。

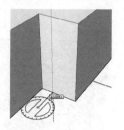
图 7.55　绘制出带角度的辅助线

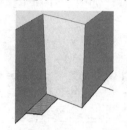
图 7.56　连接直线与边线

（5）使用【推/拉】工具，将步骤（4）绘制的面拉伸至顶部平齐，如图 7.57 所示。这一部分就是凸窗凸出的位置。

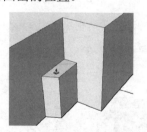
图 7.57　拉伸平面

（6）因为拉伸的面与顶面平齐，即共面，需删除多余的分割直线，如图 7.58 所示。

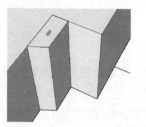
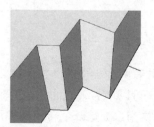
图 7.58　删除多余的直线

注意：在使用 SketchUp 建模时，会出现大量多余的线条，一定要及时删除。

（7）选择底部的两条直线，单击【移动/复制】按钮，按住 Ctrl 键不放，向上移动光标，对这两条直线复制两次，一次向上的距离为 800mm（窗台高），另一次向上的距离为 1500mm（窗高），如图 7.59 所示。这就是窗洞的位置。

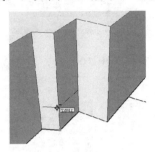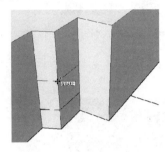

图 7.59　向上复制直线

（8）绘制出如图 7.60 所示的 4 条与窗洞边界平行的直线，这 4 条直线向内偏移的距离为 60mm。

（9）绘制出与顶部直线平行且相距 400mm 的两条平行直线，如图 7.61 所示。

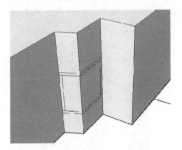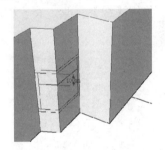

图 7.60　绘制窗洞的平行线　　　　　　　图 7.61　绘制顶部的平行线

（10）再绘制如图 7.62 所示的平行直线。注意，两条相邻平行线间的距离为 60mm。

（11）将凸窗正面的两条横向直线的中点连接起来，如图 7.63 所示。

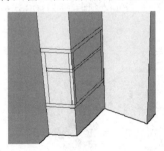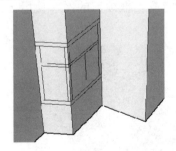

图 7.62　绘制平行线　　　　　　　　　　图 7.63　连接直线的中点

（12）在步骤（11）绘制好的直线的左右各绘制一条距离为 30mm 的平行线，如图 7.64 所示。

（13）删除多余的直线，如图 7.65 所示。此时窗框的轮廓就形成了。

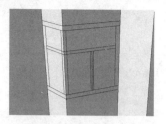
图 7.64　左右绘制各一条平行线

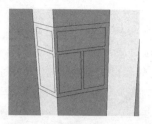
图 7.65　删除多余的直线

（14）使用【推/拉】工具，将两部分窗框分别向外拉出 100mm，形成窗框的厚度，如图 7.66 所示。

图 7.66　拉出窗框的厚度

（15）使用【线】工具，将窗框缺角的部位补线，如图 7.67 所示，补线后会自动生成面。

图 7.67　对窗框缺角处补线

（16）删除顶部与底部补线后留下的多余直线，如图 7.68 所示。

（17）选择窗框顶部的面，使用【偏移/复制】工具向外侧偏移 100mm，如图 7.69 所示。

图 7.68　删除多余的直线

图 7.69　向外偏移

（18）使用【推/拉】工具，将顶部向外拉出 100mm，形成窗檐，如图 7.70 所示。

（19）在窗檐顶部与墙相交处进行补线处理，如图 7.71 所示。

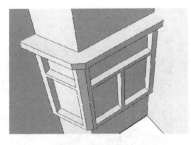
图 7.70　形成窗檐

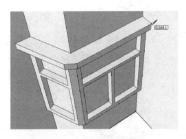
图 7.71　窗檐补线

（20）选择窗檐并右击，在弹出的快捷菜单中选择【创建组】命令，如图 7.72 所示。

（21）沿着窗檐绘制两条直线，如图 7.73 所示。两条直线的交点就是复制的定位点。

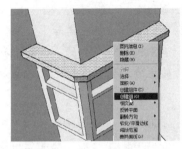
图 7.72　创建窗檐的组

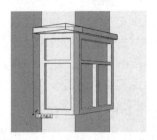
图 7.73　绘制定位点直线

（22）选择创建好的窗檐的组，单击【移动/复制】按钮，按住 Ctrl 键不放，向下移动光标，注意对齐点，如图 7.74 所示。此时复制出窗台，删除用于定位的两条直线。

（23）使用【推/拉】工具，将窗台底部的面拉至与建筑物底部对齐，如图 7.75 所示。

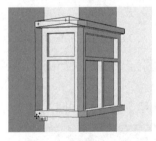
图 7.74　复制出窗台

图 7.75　拉抻窗台底部的面

（24）选择底部的面，使用【偏移/复制】工具向外侧偏移 100mm，如图 7.76 所示。

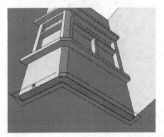

图 7.76　向外侧偏移

（25）删除多余的直线，如图 7.77 所示。

（26）使用【线】工具进行补线处理，如图 7.78 所示。

图 7.77　删除多余的直线

图 7.78　补线

注意：在一个面中出现了不需要的分割直线时，必须删除。一般来说，SketchUp 中用粗线表示没有分割的直线，用细线表示正确分割的直线，但在实际中应该仔细观察与直线关联的物体，以判断是否需要删除此直线。删除多余的直线后，有时会导致面的丢失，这时可以用【线】工具在适当的地方进行补线处理，只要是直线形成了共同的闭合空间，就会生成面。

（27）使用【推/拉】工具，将底部的面向上拉出 100mm，如图 7.79 所示。

（28）在如图 7.80 所示的位置绘制出两条距离为 80mm 的平行线，这是百叶的厚度。

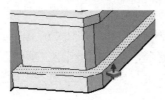

图 7.79　将底部向上拉伸

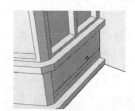

图 7.80　绘制两条平行线

（29）使用【推/拉】工具，将平行线形成的面向外拉出 50mm，如图 7.81 所示，这就是一个百叶。

（30）右击百叶，在弹出的快捷菜单中选择【创建组】命令，如图 7.82 所示。

图 7.81　拉出百叶

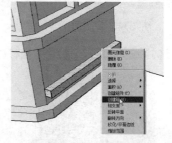

图 7.82　创建百叶的组

（31）选择创建好的百叶组，单击【移动/复制】按钮，按住 Ctrl 键不放，向上移动光标，在屏幕右下角的数值输入框中输入 2x，表示共复制两个百叶，如图 7.83 所示。

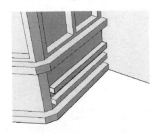 

图 7.83　复制两个百叶

（32）选择【窗口】→【材质】命令，弹出【材质】对话框，在【选择】选项卡的下拉列表框中选择【百叶窗】选项，颜色为纯白，如图 7.84 所示。

（33）将选择好的百叶窗材质赋予百叶，如图 7.85 所示。

图 7.84　选择百叶窗材质

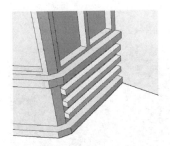

图 7.85　赋予百叶窗材质

（34）在【材质】对话框中选择塑钢材质，在屏幕中单击窗框，将其赋予该材质，如图 7.86 所示。

（35）在【材质】对话框中选择 Blue Glass 材质，在屏幕中单击玻璃，将其赋予该材质，如图 7.87 所示。

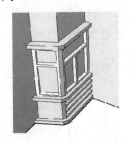

图 7.86　赋予塑钢材质

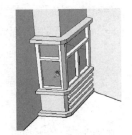

图 7.87　赋予玻璃材质

（36）选择窗台、窗檐、窗框和玻璃并右击，在弹出的快捷菜单中选择【创建组】命令，如图 7.88 所示。

（37）选择步骤（36）创建的组，然后选择凸窗上部的墙体与下部的百叶并右击，在弹出的快捷菜单中选择【创建组】命令。这一次形成的组是为复制到另一侧做准备。

（38）选择步骤（37）的组，单击工具栏中的【移动/复制】按钮，并按住 Ctrl 键不放，向另一侧复制，如图 7.89 所示，注意对齐点的捕捉。复制后，可以看到凸窗的方向并不正确，需要对物体进行镜像操作。

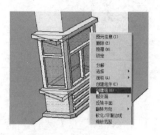

图 7.88　创建组

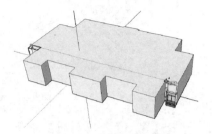

图 7.89　向另一侧复制凸窗

（39）右击复制的凸窗，在弹出的快捷菜单中选择【翻转方向】→【组为红色】命令，如图 7.90 所示。镜像后，物体的方向正确了，但是对齐点不一致，需要移动对齐。

（40）选择此物体，使用【移动/复制】工具将其移动到正确的位置，如图 7.91 所示。可以看到凸窗基本完成，但是顶部的面并没有封闭，这是因为复制的是一个组，所以需要将复制后的组分解，然后补线。

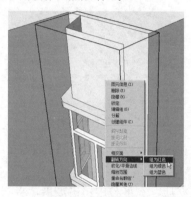

图 7.90　沿轴镜像

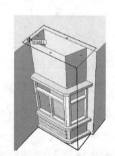

图 7.91　移动对齐

（41）选择组并右击，在弹出的快捷菜单中选择【分解】命令，如图 7.92 所示。

（42）使用【线】工具，在顶部没有封闭的部位处进行补线处理，如图 7.93 所示。

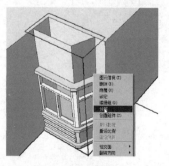

图 7.92　分解组

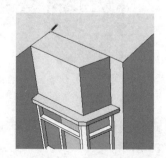

图 7.93　补线处理

此时一层楼中的凸窗 TC-1 绘制完成。一层楼中其他的门、窗请读者按照同样的方法自行绘制，全部完成后的一层楼平面模型如图 7.94 所示。

图 7.94 一层楼平面完成

7.3 复制楼层

在建筑设计中，由于墙、梁、柱等结构构件的要求，上下层的楼层差别不大，甚至有些楼层完全一致。利用这样的特性，在建立模型时，往往采用直接向上复制已经建立好的楼层的方法来完成主体建筑的建模。如果楼层有区别，对局部的模型进行修改即可。

7.3.1 复制二层楼

一、二层楼除了楼梯间处的入户门外，没有任何区别，这样就可以使用向上复制的方法来建立二层楼。具体操作步骤如下：

（1）选择已经完成的一层楼的模型，单击工具栏中的【移动/复制】按钮，并按住 Ctrl 键不放，向上复制生成二层楼，如图 7.95 所示。

（2）删除一、二层之间的层间线，删除后的模型如图 7.96 所示。

图 7.95 向上复制生成二层楼

图 7.96 删除层间线后的模型

（3）转动视图，选择楼梯间的二层楼的入户门并右击，在弹出的快捷菜单中选择【删除】命令，删除楼梯间的二层楼的入户门，如图 7.97 所示。楼梯间只有一层楼有入户门。

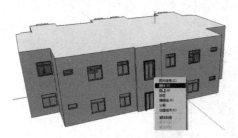

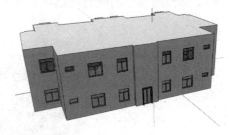

图 7.97 删除二层楼梯间入户门

（4）选择【窗口】→【材质】命令，弹出【材质】对话框，在【编辑】选项卡中选中

【使用纹理图像】复选框，如图 7.98 所示；在【选择图像】对话框中选择如图 7.99 所示的纹理图像。

 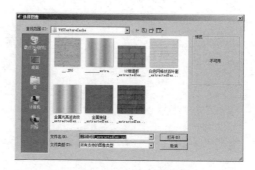

图 7.98　1-2 楼墙群材质　　　　　　　　图 7.99　【选择图像】对话框

🔔注意：在建筑设计中往往将建筑物底部（如一、二层）的外墙与上部（三层及三层以上）区分开，这是因为人观察视线的范围主要就是在建筑物底部。这是通过材质的对比来突出建筑形体的手法。

（5）在屏幕中三击建筑物的墙面，然后在【材质】对话框中选择设置好的【1-2 楼墙群】材质，再单击选中的建筑物，将其赋予该材质，如图 7.100 所示。

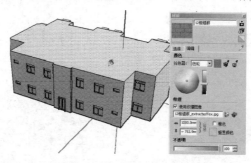

图 7.100　赋予材质

🔔注意：在使用 SketchUp 的材质时，如果不需要导入到渲染器中渲染，则应将材质的名称设定为中文，以便管理；如果要导入到渲染器中，则必须使用英文、阿拉伯数字等非中文材质名称。

（6）选择屏幕中的所有物体并右击，在弹出的快捷菜单中选择【创建组】命令，如图 7.101 所示。

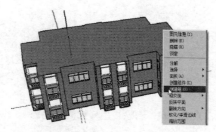

图 7.101　创建一、二层的组

7.3.2 复制中间层

中间层与底层区别不大，也可以使用向上复制的方法。通过观察如图 7.102 所示的中间层平面图，可以看到中间层与底层相比有以下几个区别。

- ❑ 中间层的层高为 3000mm。这是因为中间层的功能是住宅。
- ❑ 中间层在南侧有阳台，而出于安全的考虑，底层并未设置阳台。
- ❑ 中间层阳台周围设置的是门，而底层位置设置的是窗。

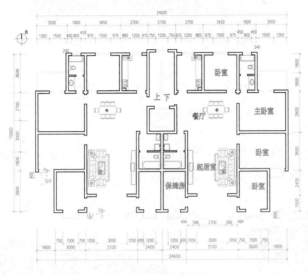

图 7.102 中间层平面图

建立中间层建筑模型的具体操作方法如下：

（1）选择已经完成并成组的一、二层楼的模型，单击工具栏中的【移动/复制】按钮，并按住 Ctrl 键不放，向上复制，如图 7.103 所示。复制时一定要注意端点的对齐捕捉。复制的物体也是一个组。

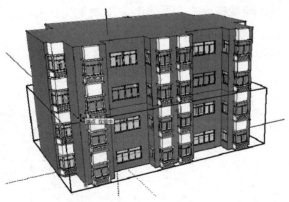

图 7.103 向上复制楼层

（2）隐藏成组的一、二层楼模型，并分解复制物体的组。

（3）选择建筑底部的面，单击工具栏中的【移动/复制】按钮，并按住 Ctrl 键不放，向上复制，如图 7.104 所示。这个面就是三、四层之间的层间面，以这个面为基准，可以删除第四层。因为现在的第三层的层高是 3600mm，需要调整到 3000mm。

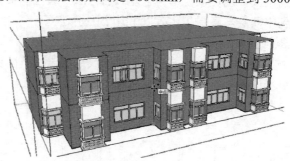

图 7.104　向上复制底部的面

（4）选择第四层的全部物体并右击，在弹出的快捷菜单中选择【删除】命令，删除第四层，如图 7.105 所示。

（5）使用【推/拉】工具，将第三层的顶面向下推 600mm，如图 7.106 所示。3600mm-600mm=3000mm 才是第三层的层高。但是可以观察到，凸窗的顶部略高，还需要向下推拉。

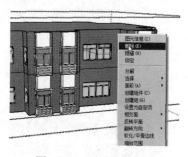

图 7.105　删除第四层

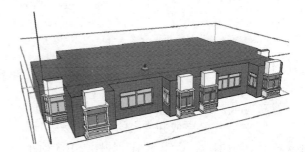

图 7.106　调整层高

（6）双击凸窗，进入组编辑模式，再使用【推/拉】工具将凸窗顶部向下推 600mm，如图 7.107 所示。其余的凸窗操作方法相同。

（7）转到视图，删除楼梯间处的入户门，如图 7.108 所示。只有一层楼楼梯间处才有入户门。

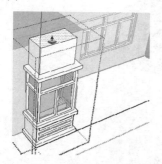

图 7.107　调整凸窗底部标高

图 7.108　删除多余的入户门

7.3.3　绘制阳台

通过观察中间层平面图（如图 7.102 所示），可以看到在中间层每层中有左、右两个阳台。这是两个向外凸出的梯形阳台，梯形的夹角为 135°。具体的操作方法如下：

（1）绘制出阳台的底面，具体尺寸如图 7.102 所示，阳台的底面绘制完成后如图 7.109 所示。

（2）选择阳台外侧的由 5 条直线组成的边界，单击工具栏中的【移动/复制】按钮，并按住 Ctrl 键不放，向上复制 900mm，这就是阳台扶手的高度，如图 7.110 所示。

图 7.109　绘制阳台的底面

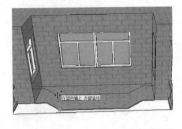

图 7.110　向上复制阳台扶手的高度

（3）使用【线】工具将对应的顶线用直线连接起来，封闭的区域会自动形成面，可以看到此时形成了阳台的栏板，如图 7.111 所示。

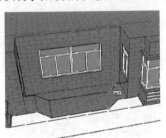

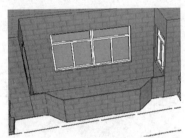

图 7.111　阳台的栏板

（4）绘制如图 7.112 所示的两条平行线，平行线间的距离为 100mm。

（5）使用【推/拉】工具，将如图 7.113 所示的面向外拉出 100mm。这就是扶手的细节。

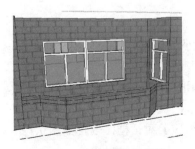

图 7.112　绘制两条平行线

图 7.113　增加扶手的细节

（6）对步骤（5）操作中出现的缺角情况，使用【线】工具进行补线处理，完成操作后如图 7.114 所示。

图 7.114　补线处理

（7）在阳台的正面栏板处使用【线】工具绘制如图 7.115 所示的花纹。

（8）使用【推/拉】工具将如图 7.116 所示的面向内侧推 200mm。

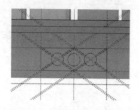

图 7.115　绘制阳台的花纹　　　　　　　图 7.116　向内侧推出造型

注意：由于绘制的是建筑效果图，所以阳台花纹的尺寸只需要大致在阳台正面的中间位置即可。图形中圆与对角线的关系，可以参照以上的插图。

（9）选择阳台并右击，在弹出的快捷菜单中选择【创建组】命令，如图 7.117 所示。

（10）选择阳台，单击工具栏中的【移动/复制】按钮，并按住 Ctrl 键不放，向另一侧方向复制阳台，如图 7.118 所示。

图 7.117　创建阳台的组　　　　　　　　图 7.118　向另一侧复制阳台

7.3.4　调整模型

绘制完阳台后，中间层的模型还需要做一些小的调整，并赋予材质。具体操作步骤如下：

（1）将阳台周围的 3 个窗改为如图 7.119 所示的 3 个门。门宽与窗宽是一致的，但是门高是 2100mm。

（2）选择【窗口】→【材质】命令，弹出【材质】对话框，设置如图 7.120 所示的参数。选择 3-8 楼墙体的材质，材质颜色略偏暖。

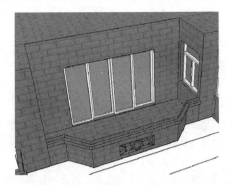

图 7.119 绘制阳台周围的门　　　　　　　　　图 7.120 创建【3-8 楼墙体】材质

（3）在屏幕中三击建筑物的墙面，然后在【材质】对话框中选择设置好的【3-8 楼墙体】材质，再单击选中的建筑物，将其赋予该材质，如图 7.121 所示。

（4）双击阳台，进入组编辑模式，再三击选中阳台，然后在【材质】对话框中选择设置好的【1-2 楼墙群】材质，再单击选中的物体，将其赋予该材质，如图 7.122 所示。

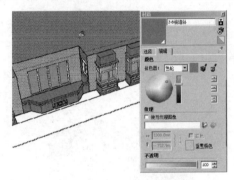

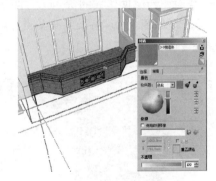

图 7.121 赋予三楼墙面材质　　　　　　　　　图 7.122 赋予阳台材质

（5）选择已经完成的第三层楼模型，单击工具栏中的【移动/复制】按钮，并按住 Ctrl 键不放，向上复制，一定要注意端点的对齐捕捉，如图 7.123 所示。然后在屏幕右下角的数值输入框中输入 x5，表示复制 5 层楼，按 Enter 键。

（6）选择【编辑】→【取消隐藏】→【全部】命令，将隐藏的一、二层也显示出来，如图 7.124 所示。

图 7.123 向上复制 4～8 层　　　　　　　　　图 7.124 显示全部物体

7.4　制作坡屋顶

现代住宅建筑，特别是南方的建筑已基本淘汰平屋顶。这是因为平层顶有两个缺点：一是形态不美观；二是顶层容易漏雨。在 SketchUp 中可以使用空间直线绘制出形体非常复杂的坡屋顶，几乎在绘制每一个建筑设计方案中都要使用到这种方法。

7.4.1　使用空间直线绘制出坡屋顶的轮廓

坡屋顶有一个蓝色轴（Z 轴）向上的高度，所以必须用空间直线来绘制。相比 3ds Max 的 Editable Poly（可编辑的多边形）建模法，SketchUp 的空间直线建模法更具可操作性。具体操作步骤如下：

（1）选择建筑物顶部的面，单击工具栏中的【移动/复制】按钮，并按住 Ctrl 键不放，复制一个面作为屋顶建模的参照，如图 7.125 所示。

（2）在如图 7.126 所示的两条直线的中点处用一条直线连接，这就是坡屋顶分水线的水平投影。

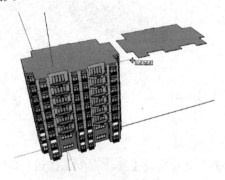

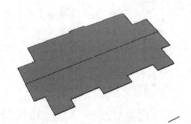

图 7.125　复制参照面　　　　　　　　　图 7.126　绘制分水线

（3）在步骤（2）绘制的直线的端点处沿着蓝色轴向上绘制一条长度为 3000mm 的直线，如图 7.127 所示。

（4）再绘制两条直线，如图 7.128 所示。这两条直线加上原有的两条直线形成一个矩形面。

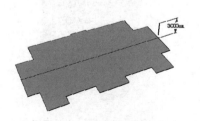

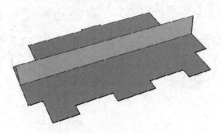

图 7.127　绘制向上的直线　　　　　　　图 7.128　生成矩形面

（5）绘制如图 7.129 所示的 3 条直线，注意相互垂直关系。这 3 条直线闭合生成了面。

（6）使用【推/拉】工具将这个面拉伸至图 7.130 所示的部位。

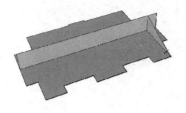

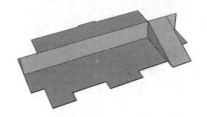

图 7.129　绘制直线形成面　　　　　　　　　　图 7.130　拉伸面

（7）绘制如图 7.131 所示的直线，注意，直线是沿蓝色轴向上绘制。这条直线将所在的平面一分为二。

（8）使用【推/拉】工具将分割后的面拉伸至图 7.132 所示的位置。

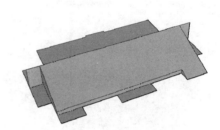

图 7.131　绘制向上的直线　　　　　　　　　　图 7.132　拉伸面

（9）删除多余的面，如图 7.133 所示。

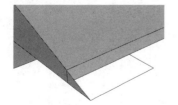

图 7.133　删除多余的面

（10）绘制直线，然后将生成的面使用【推/拉】工具拉伸至图 7.134 所示的位置。

图 7.134　拉伸生成的面

（11）绘制直线，然后将生成的面使用【推/拉】工具拉伸至图 7.135 所示的位置。

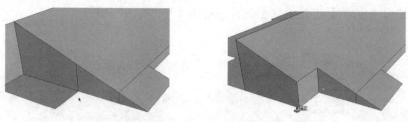

图 7.135　拉伸一侧的面

（12）采用同样的方法拉伸另一侧的面，完成后如图 7.136 所示。

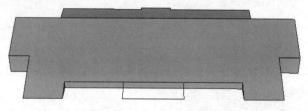

图 7.136　拉伸另一侧的面

（13）中间这个部分使用画线、拉伸面的方法完成建模，如图 7.137 所示。

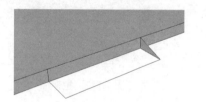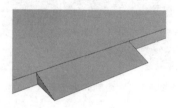

图 7.137　拉伸中间部分

（14）转动视图至坡屋顶的另一侧，绘制 3 条直线，并将生成的面拉伸至如图 7.138 所示的位置。

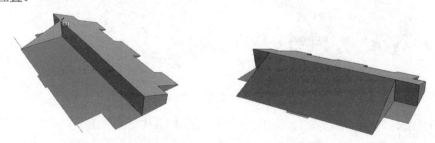

图 7.138　推拉形成坡屋面另一侧的模型

（15）通过绘制直线、拉伸面的方法，完成缺角处的模型，如图 7.139 所示。

（16）删除多余的线条，完成坡屋顶基本模型，如图 7.140 所示。

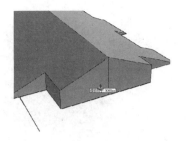
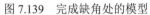

图 7.139　完成缺角处的模型

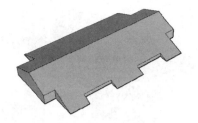

图 7.140　完成坡屋顶基本模型

注意：在删除多余线条的过程中，会出现破面的情况，这时需要根据面的几何关系进行补线处理，补线后会重新生成面。

7.4.2　设置坡屋顶的厚度

虽然完成了坡屋顶的基本模型，但是细节还不够，这样的模型没有足够的层次感，所以必须给这个坡屋顶一定的厚度，让这个屋顶看上去有足够的质量。具体操作步骤如下：

（1）使用【推/拉】工具将屋脊线两侧的两个坡面分别向上拉伸 300mm，形成坡屋顶的厚度，如图 7.141 所示。

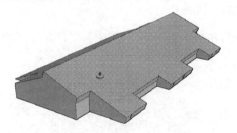
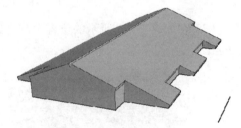

图 7.141　将坡面向上拉伸形成厚度

（2）由于向上拉伸了坡屋面，屋脊线处就形成了一个缺角，使用【线】工具对这个缺角补线，重新形成面，如图 7.142 所示。

（3）使用【推/拉】工具，将生成的面拉伸至另一侧，如图 7.143 所示。

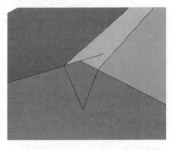
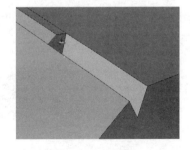

图 7.142　画线补角　　　　　　　　　　图 7.143　拉伸面

（4）删除屋脊线两侧多余的线，如图 7.144 所示。

（5）选择屋顶一侧的两条边线，使用【偏移/复制】工具偏移到如图 7.145 所示的位置。

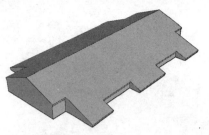

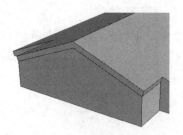

图 7.144　删除屋脊线两侧多余的线　　　　　　图 7.145　偏移边线

（6）使用【推/拉】工具，将步骤（5）生成的面向外侧拉出 300mm，这就是坡屋顶的出檐长，如图 7.146 所示。

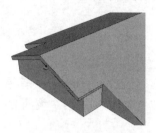

图 7.146　拉出一侧的屋顶出檐长

（7）在如图 7.147 所示的位置绘制直线，并将生成的面使用【推/拉】工具向外侧拉出 300mm。

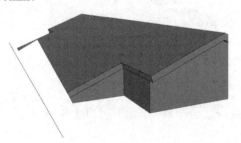

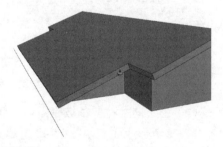

图 7.147　向外侧拉出屋顶

（8）使用同样的方法，将坡屋顶的边界都向外侧拉出 300mm，这样就完成了整个坡屋顶的建模，如图 7.148 所示。

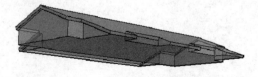

图 7.148　完成坡屋顶的建模

7.4.3　设置坡屋顶的材质

坡屋顶的建筑材料一般采用新型的装饰瓦，所以在绘制效果图时，应该使用"瓦"的纹理图像来表达。具体操作步骤如下：

（1）选择【窗口】→【材质】命令，弹出【材质】对话框，在【选择】选项卡中选择瓦的材质，材质颜色略偏暖，如图 7.149 所示。然后在【编辑】选项卡中选中【使用纹理图像】复选框，在【选择图像】对话框中选择如图 7.150 所示的 roof06r.jpg 纹理图像。

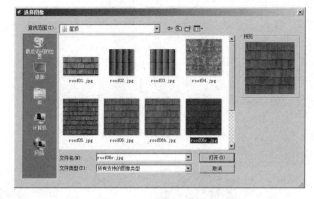

图 7.149　设置瓦材质　　　　　　　　　　　图 7.150　选择纹理图像

注意：这个 roof06r.jpg 图片在配书光盘中"材质"目录下的"屋顶"子目录中，读者可以将此文件复制到硬盘中使用。

（2）在屏幕中三击坡屋顶，然后在【材质】对话框中选择设置好的【3-8 楼墙体】材质，再单击选中的物体，将其赋予该材质，如图 7.151 所示。

注意：坡屋顶的底部也有一部分是墙体的材质，所以先赋予墙体的材质，然后再将两个屋顶赋予瓦材质。

（3）选择模型中最上面的两个坡面，然后在【材质】对话框中选择设置好的瓦材质，再单击选中的物体，将其赋予该材质，如图 7.152 所示。

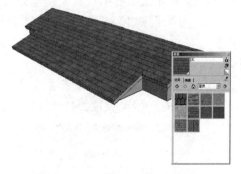

图 7.151　赋予整个坡屋顶瓦材质　　　　　　图 7.152　赋予屋面的材质

（4）按照第 3 章的方法，在屋面上加上两个老虎窗，如图 7.153 所示。

（5）选择【编辑】→【取消隐藏】→【全部】命令，将隐藏的主体建筑显示出来。

图 7.153　加上老虎窗

（6）选择整个坡屋顶，单击工具栏中的【移动/复制】按钮，移动到主体建筑上，注意使用端点的对齐捕捉，如图 7.154 所示。

此时，整个一梯二户的 8 层坡屋顶住宅模型全部完成，转动视图观察模型，如图 7.155所示。

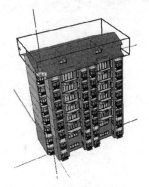

图 7.154　移动坡屋顶

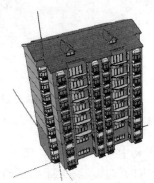

图 7.155　完成全部模型

7.4.4　设置天空与背景

建筑必须是"生长"在一定环境之中的，单独的建筑物在表达上显得十分单调。本例将介绍如何在 SketchUp 中设置天空与背景，具体操作步骤如下：

（1）选择【窗口】→【模型信息】命令，在弹出的【模型信息】对话框中选择【地理位置】选项卡，进行如图 7.156 所示的设置。这一步是设置建筑物的地理位置，以便显示阴影。

（2）选择【窗口】→【阴影】命令，在弹出的【阴影设置】对话框中进行如图 7.157所示的设置。这一步是设置并打开阴影显示。

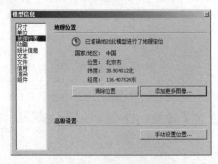

图 7.156　设置地理位置

图 7.157　【阴影设置】对话框

（3）选择【窗口】→【样式】命令，在弹出的【样式】对话框中选择【编辑】选项卡，在【背景】栏中选中【天空】与【地面】复选框，适当调整两者的颜色，如图 7.158 所示。

（4）调整观察视角，完成效果图的制作，如图 7.159 所示。

图 7.158　设置天空与地面　　　　图 7.159　完成效果图的制作

注意：如果需要添加配景，如人物、树木或背景建筑，可以将此图像导入到 Photoshop 中进行处理。当然，天空与地面也可以在 Photoshop 中完成。

第 8 章 景 观 设 计

景观设计在建筑设计领域中占有十分重要的地位。景观设计更侧重于整体造型布局的把握,使用传统的设计软件很难获得直观的造型体量感,对设计者的空间把握程度要求比较高。但是使用 SketchUp 进行景观设计规划,却能从三维角度对设计方案进行推敲,使原本枯燥的设计过程拥有更多的趣味性,使设计者享受到更多的乐趣。

使用 SketchUp 制作的场景可以很方便地输出成各种媒体形式,如单静态图片或建筑动画等。同时,SketchUp 中的软件接口非常丰富,用户可结合其他相关软件对场景进行更加复杂化的表现。本章中将通过一个景观设计实例的制作全过程,详细地介绍在 SketchUp 中进行景观设计的整体流程。

8.1 建 立 地 形

在景观设计流程中,首先借助 AutoCAD 绘制尺寸详尽的原始地形平面图,然后使用 SketchUp 建立地形。在获得三维模型的同时,也使场景模型获得更高的尺寸精度。

8.1.1 对地形图进行分析

具体操作步骤如下:

(1)分析使用 AutoCAD 绘制的场景平面图,如图 8.1 所示。调整规划方案中详细表现的部分,如图 8.2 所示。规划方案平面图中布置了各种绿化植物,本章注重建筑景观植物的表现,需要对原始 AutoCAD 平面图进行一定的修改,使图纸能匹配 SketchUp 的建模标准。

🔔注意:本章是建立室外模型,需要对室外图纸有一定的识别能力。

(2)在 AutoCAD 中开启平面布局图,依照图形的范围,使用【矩形】工具绘制新的范围边框,如图 8.3 所示。

(3)使用【裁剪】工具将超出绘制边框范围的线条裁剪掉,再使用【延长】工具将未接到边界框的线条相接。删除图形外的对象,图形中只留下边框范围以内的对象,如图 8.4 所示。

🔔注意:图 8.4 中有太多的附属对象,如植物、道路和地形等,不利于在 SketchUp 中作图,因此应对该场景进行一定的简化。针对 SketchUp 中建立模型的常规要求,需将整体的道路、房屋的轮廓表现出来,并将其他的多余对象删除。

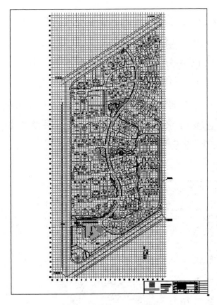

图 8.1　规划平面图

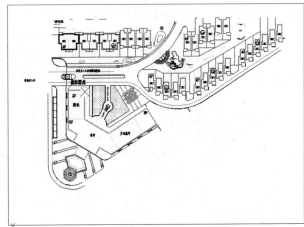

图 8.2　详细表现的部分

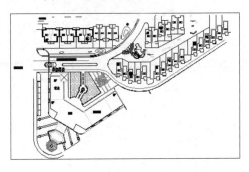

图 8.3　绘制新范围边框

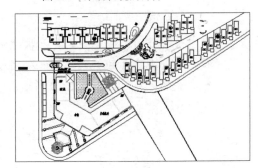

图 8.4　裁剪线条

（4）使用【删除】工具将全图中所有的填充图形选中后删除，保留场景中的轮廓线条，如图 8.5 所示。

（5）依照步骤（4），使用【删除】工具将全图中的所有地面拼花及文字箭头等图形对象删除，只留下建筑及道路边界线条。进一步将图形简化，如图 8.6 所示。

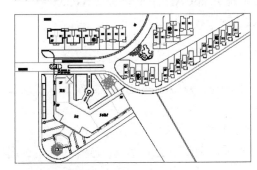

图 8.5　删除填充图案

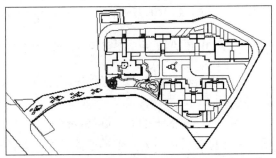

图 8.6　删除辅助对象

（6）在 AutoCAD 中仔细分析图形的线条，会发现有很多线条发生了重合，线条的粗细程度不一。这时必须删除重复的线条，并适当进行修补，如图 8.7 所示。

（7）将所有的粗线条对象选中，使用【分解】工具将其分解，分解后的粗线条将自动转化为黑色细线，完全将场景中的多段线转化为普通直线，如图 8.8 所示。

（8）再使用【直线】、【圆弧】和【圆】等绘图工具对图形上的道路及房屋轮廓线条进行修补，将未对齐的线条首尾相接，并对图形中的房屋对象进行适当的简化，保留外部轮廓线，然后将所有的图形对象转化到同一图层中，如图 8.9 所示。

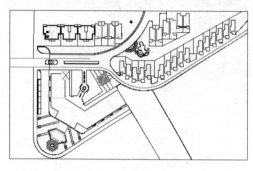

图 8.7　删除重复的线条

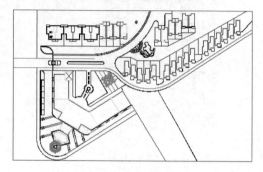

图 8.8　分解多段线后

📌注意：在进行修补的过程中一定要采取对象捕捉来进行定位，要求线条无重复，首尾相接，不出现孤立的单线。保证在导入到 SketchUp 中直线转平面时图形的正确性。修补图形完成后，如图 8.10 所示。

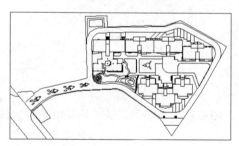

图 8.9　调整颜色

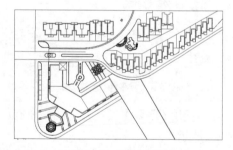

图 8.10　修补图形

本阶段对图形进行了大量的修改，最终目的是将 AutoCAD 图纸导入到 SketchUp 中时尽可能的正确。其中涉及了许多 SketchUp 中的造型规则，需细心体会。

8.1.2　AutoCAD 平面图导入 SketchUp 中

将修改过的 AutoCAD 平面图纸另存为名为"总平面_修改后.dwg"的文件，准备导入 SketchUp 中。

（1）双击桌面上的 Google SketchUp 8 快捷方式图标，启动 SketchUp。

（2）选择【窗口】→【模型信息】命令，弹出【模型信息】对话框，选择【单位】选项卡，调整如图 8.11 所示的参数。

（3）选择【文件】→【导入】命令，弹出【打开】对话框，在【文件类型】下拉列表框中

选择"AutoCAD 文件（*.dwg，*.dxf）"，选择前面保存的名为"总平面_修改后.dwg"的
AutoCAD 文件，如图 8.12 所示。

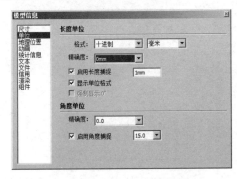

图 8.11 【模型信息】对话框

图 8.12 【打开】对话框

（4）单击"打开"对话框右侧的【选项】按钮，在弹
出的【导入 AutoCAD DWG/DXF 选项】对话框中进行如
图 8.13 所示的设置，然后单击【确定】按钮。

（5）选中文件，将图形导入 SketchUp 中。单击工具
栏中的【缩放范围】按钮，将导入后的图形界面视窗最大
化显示，如图 8.14 所示。

（6）选中全图内容，然后选择【插件】→【线面工具】
→【生成面域】命令，将图形上的线条进行面的创建，如
图 8.15 所示。

图 8.13 导入选项设置

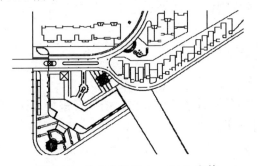

图 8.14 最大化显示 AutoCAD 文件

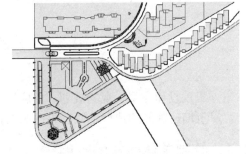

图 8.15 创建面

（7）场景中大部分的面都已经封闭起来，但仍有部分线条无法创建封闭面，可使用
【线】工具对未能封闭的面进行手动封闭，如图 8.16 所示。

（8）放大断线的区域，使用【线】工具对未闭合的线条进行修补，直至线条被封闭成
面，然后删除指示断线位置的标识，如图 8.17 所示。

（9）反复使用步骤（7）的方法，对余下未封闭面的对象进行封闭，最终结果如图 8.18
所示。

注意：此步骤操作比较复杂，需要进行大量的练习来熟悉操作。另外，在模型中要保持
　　　面的统一性。

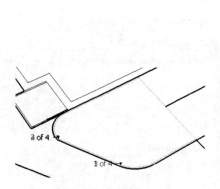

图 8.16　手动封面

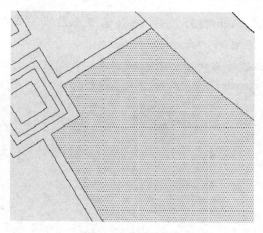

图 8.17　局部封面

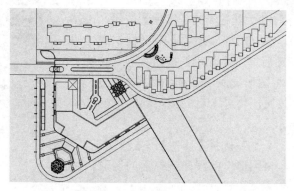

图 8.18　完成封闭

8.2　设置单体建筑

室外景观设计注重景观的规划，相应地可以简化建筑物的设定，所以在进行设计的过程中，尽量简化建筑的造型，以获得更多的计算机资源。

8.2.1　绘制单体建筑的轮廓

具体操作步骤如下：

（1）参照 AutoCAD 原始的平面图的建筑物位置设定，选中建筑物的墙体内侧直线对象并将其删除，只留下墙体外侧墙线，如图 8.19 所示。

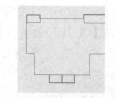

图 8.19　删除内墙线

🔔注意：此步骤也可在 AutoCAD 中简化平面图形的过程中完成，其主要目的是只保留墙体外观，简化建筑物里面的模型和模型的复杂程度。

（2）单击工具栏中的【材质】按钮，在弹出的【材质】对话框中选择如图 8.20 所示的材质，将材质赋予建筑物基础平面，如图 8.21 所示。

图 8.20　选择建筑材质

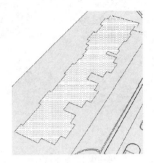

图 8.21　赋予材质

8.2.2　拉伸出三维高度

具体操作步骤如下：

（1）参照 AutoCAD 原始的平面图，单击工具栏中的【推/拉】按钮，将建筑物的墙体平面对象向上拉伸 3500mm，形成首层建筑，如图 8.22 所示。

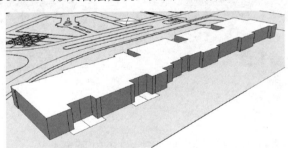

图 8.22　拉伸首层建筑

（2）选中如图 8.23 所示的阳台底面。单击工具栏中的【偏移/复制】按钮，将选中的底面向内偏移复制 120mm，如图 8.24 所示。

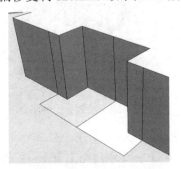

图 8.23　选中阳台底面

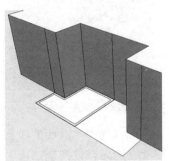

图 8.24　向内偏移复制

（3）单击工具栏中的【线】按钮，绘制如图 8.25 所示的连接线。将多余的线条进行删除，如图 8.26 所示。

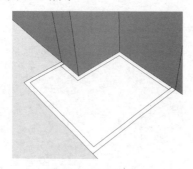

图 8.25　绘制线条

图 8.26　删除多余的线条

（4）选中生成的阳台栏杆平面，单击工具栏中的【推/拉】按钮，将选中的底面向上拉伸 1200mm，形成阳台，如图 8.27 所示

（5）单击工具栏中的【线】按钮，绘制如图 8.28 所示的连接线。将右侧的面向上拉伸，高度对齐到墙的最高处，如图 8.29 所示。

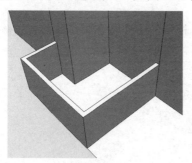

图 8.27　拉伸平面

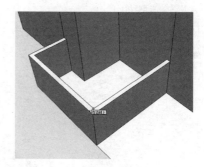

图 8.28　绘制直线

（6）依照同样的方法生成另一侧阳台，如图 8.30 所示。

图 8.29　拉伸墙体

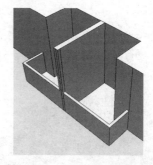

图 8.30　绘制另一侧阳台

（7）删除阳台模型中共面的线条，保持模型的精简程度，如图 8.31 所示。

（8）将建立的阳台模型全部选中，再选择【编辑】→【创建组】命令，将阳台部分创建组。

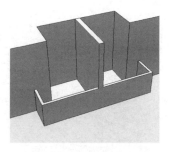
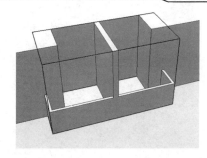

图 8.31　精简模型线条

（9）选中阳台组，单击工具栏中的【移动/复制】按钮，并按住 Ctrl 键进行复制，再将模型对齐右侧阳台底面，如图 8.32 所示。

（10）利用相同的方法建立剩余的阳台模型，如图 8.33 所示。

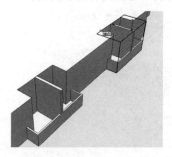
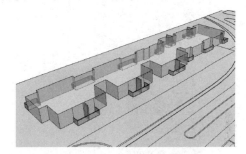

图 8.32　复制阳台组　　　　　　　　　图 8.33　完成阳台拉伸

8.2.3　对单体建筑做局部修饰

具体操作步骤如下：

（1）单击工具栏中的【卷尺】按钮，从建筑底部向上做辅助线，高度对齐到阳台上沿，如图 8.34 所示。

（2）沿上步生成的辅助线继续向上生成辅助线，高度为 1500mm，如图 8.35 所示。

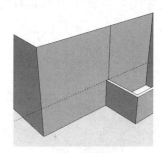
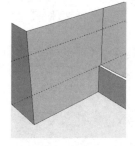

图 8.34　辅助线 1　　　　　　　　　　图 8.35　辅助线 2

（3）用同样的方法，沿左侧的垂直墙线向右依次绘制辅助线，距离分别为 300mm 和 2400mm，如图 8.36 所示。这样就形成了窗的轮廓尺寸。

（4）选择【绘图】→【矩形】命令，对齐辅助线的交点，绘制矩形，如图 8.37 所示。

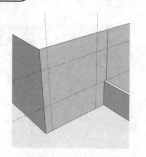

图 8.36　辅助线 3

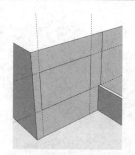

图 8.37　绘制窗体

（5）单击工具栏中的【材质】按钮，在弹出的【材质】对话框中选择如图 8.38 所示的材质，并将材质赋予建筑物基础平面，如图 8.39 所示。

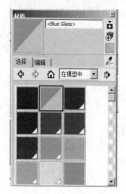

图 8.38　选择材质

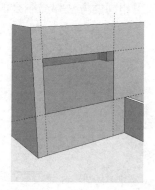

图 8.39　赋予材质

注意：在材质的选择中，考虑到大型的场景中窗体较多，所以尽可能地使用非透明材质，这样可以提高计算机的显示速度。

（6）选中窗体模型的面，再选择【编辑】→【创建组】命令，将窗体部分变成组，如图 8.40 所示。

（7）选中窗体组，单击工具栏中的【移动/复制】按钮，并按 Ctrl 键进行复制，再将窗体模型安置于各个墙体面，如图 8.41 所示。

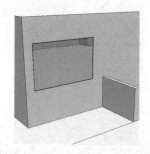

图 8.40　创建窗体组

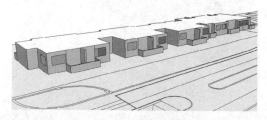

图 8.41　复制窗体

注意：为了保证计算机的运行速度，本章在建筑外观上尽量保持低面数的模型，这样更便于操作。室外景观的建筑可以进行一定的虚化，着重表现景观的部分。

8.3　调整建筑关系

8.3.1　连续复制单体建筑

具体操作步骤如下：

（1）将建立的首层楼体模型全部选中，再选择【编辑】→【创建组】命令，创建楼体组，如图 8.42 所示。

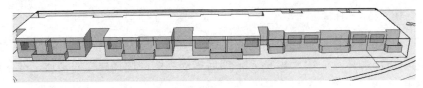

图 8.42　创建首层楼体组

（2）选中楼体组，单击工具栏中的【移动/复制】按钮，并按 Ctrl 键向上复制，再将模型进行垂直方向对齐，如图 8.43 所示。

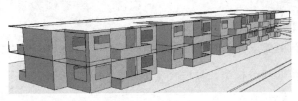

图 8.43　复制楼体

（3）复制完成后，在屏幕右下角的数值输入框中输入*4，表示将楼体向上等距复制 4 层，完成后建筑共 5 层，如图 8.44 所示。

（4）采用同样的方式，建立其他楼群。建立过程中可以对建筑物外观进行一定的虚化，如图 8.45 所示。

图 8.44　楼体复制后

图 8.45　建立楼群

（5）参照 AutoCAD 原始的平面图，将视图放大至中心建筑区。单击工具栏中的【材质】按钮，在弹出的【材质】对话框中选择如图 8.46 所示的材质，将中心底面进行填充，如图 8.47 所示。

图 8.46　选择材质

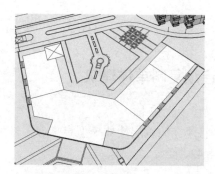

图 8.47　填充平面

（6）选中 AutoCAD 平面图中的商业区域，使用【推/拉】工具，向上拉伸 5000mm，形成商业区第一层楼体，如图 8.48 所示。然后转动视图，选择建立的楼体，准备进行下一步操作，如图 8.49 所示。

图 8.48　商业区第一层楼体

图 8.49　选择楼体

（7）选中整个拉伸部分模型，再选择【编辑】→【创建组】命令，将商业中心第一层部分变成组，如图 8.50 所示。

（8）选择第一层组，双击模型，修改模型组，如图 8.51 所示。

图 8.50　创建楼体

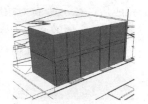

图 8.51　修改组

（9）单击工具栏中的【卷尺】按钮，从建筑底部向上做一条辅助线，高度为 400mm，再参照此辅助线向上继续做一条辅助线，高度为 3000mm，形成橱窗上下界限，如图 8.52 所示。

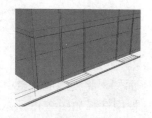

图 8.52　绘制橱窗的辅助线

（10）使用【矩形】工具，绘制如图 8.53 所示的橱窗与门的平面，并使用【推/拉】工具向内推进 100mm，如图 8.54 所示。

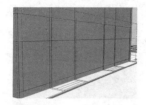

图 8.53 绘制门窗平面

图 8.54 推进平面

（11）单击工具栏中的【材质】按钮，在弹出的【材质】对话框中选择如图 8.55 所示的材质，将门窗平面进行填充，如图 8.56 所示。

图 8.55 选择材质

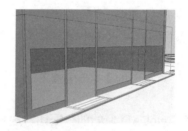

图 8.56 赋予材质

（12）使用同样的方法，建立中心商业区的其他窗户，如图 8.57 所示。

图 8.57 建立的其他门窗

（13）选择商业店铺所在的底面（如图 8.58 所示所在的位置），然后使用【推/拉】工具将选择的区域向上拉伸 15000mm，高出其他建筑，如图 8.59 所示。

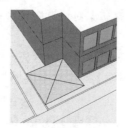

图 8.58 选中平面

图 8.59 拉伸选择的区域

（14）激活材质浏览器，将中心建筑的材质赋予建立的模型，如图 8.60 所示。

（15）选中中心平面剩余的对象，参照 AutoCAD 原始的平面图，采用同样的方式，建立剩余楼体部分。建立过程中可以对建筑物外观进行适当的虚化，如图 8.61 所示。

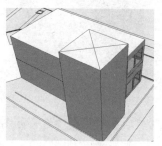

图 8.60　赋予材质

图 8.61　建立剩余楼体模型

8.3.2　建立道路

场景中已经完成了建筑模型的建立，下一步需要建立平面上的道路，使场景模型之间产生联系，丰富场景。此过程中涉及材质的填充时，尽可能地使用单色材质贴图，以减轻计算机负担。

（1）单击工具栏中的【材质】按钮，在弹出的【材质】对话框中选择道路表面的材质，如图 8.62 所示。

（2）参照 AutoCAD 原始的平面图，选择【镜头】→【标准视图】→【顶部】命令，将视图切换为顶视图。对道路进行填充，如图 8.63 所示。

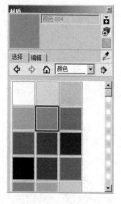

图 8.62　选择材质

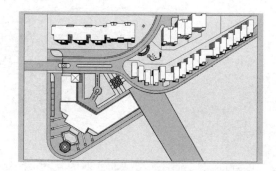

图 8.63　填充道路

（3）单击工具栏中的【材质】按钮，在弹出的【材质】对话框中选择绿化草地表面的材质，如图 8.64 所示。

（4）参照 AutoCAD 原始的平面图，在顶视图中对绿化带进行填充，如图 8.65 所示。

（5）单击工具栏中的【材质】按钮，在弹出的【材质】对话框中选择花坛表面的材质，如图 8.66 所示。

（6）参照 AutoCAD 原始的平面图，在顶视图中对花坛进行填充，如图 8.67 所示。

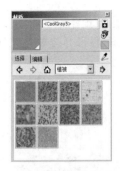

图 8.64 绿化带材质

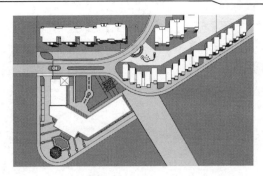

图 8.65 填充绿化带

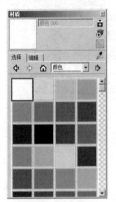

图 8.66 花坛材质

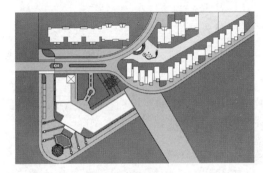

图 8.67 填充花坛

8.4 调整空间细节

8.4.1 增加室外建筑小品

景观设计中建筑小品的建立对于场景有很重要的作用，是建筑景观设计中的重要组成部分。借用 SketchUp 中的组件库，可以很方便地建立这些建筑小品。具体操作步骤如下：

（1）参照 AutoCAD 原始的平面图，将视图放大至中心建筑区，如图 8.68 所示。

（2）单击工具栏中的【推/拉】按钮，对花坛的白色区域进行向上拉伸，形成花坛的立体模型，每级台阶高度为 100mm，如图 8.69 所示。

图 8.68 放大视图

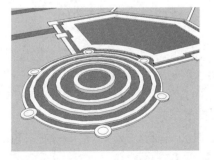

图 8.69 立面拉伸

（3）选择【窗口】→【组件】命令，弹出【组件】对话框，如图 8.70 所示。

（4）在【组件】对话框中选择合适的植物组件，将其拖入到场景并放置在花坛中，如图 8.71 所示。

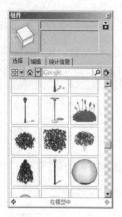

图 8.70　【组件】对话框

图 8.71　使用植物组件

（5）单击【移动/复制】按钮，并按 Ctrl 键对组件进行复制，使当前植物组件布满花坛。其间可在组件库中选择其他植物组件进行布置，如图 8.72 所示。

📖注意：大范围使用植物组件会占用大量计算机硬件资源，所以在使用植物组件时，应适当布置，不可过多，否则计算机无法承受。制作完毕后，将完成的植物组件进行隐藏，以提高计算机的响应速度。

（6）在【组件】对话框中单击路灯组件，将其安置在适当位置，如图 8.73 所示。

图 8.72　布置植物组件

图 8.73　布置路灯

（7）在【组件】对话框中选择适当的路灯组件，并将其放置在道路旁，如图 8.74 所示。

（8）路灯组件的放置方向需进行修改，单击工具栏中的【旋转】按钮，将路灯模型旋转 90°，如图 8.75 所示。

（9）单击工具栏中的【移动/复制】按钮，并按 Ctrl 键，对路灯组件进行沿道路复制，如图 8.76 所示。

（10）复制完成后，在屏幕右下角的数值输入框中输入 x7，将路灯沿道路等距复制 7 次，如图 8.77 所示。

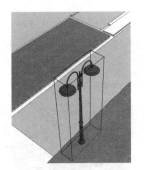

图 8.74　放置路灯组件

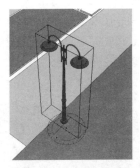

图 8.75　旋转路灯组件

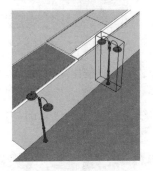

图 8.76　复制路灯组件

图 8.77　等距复制

（11）参照 AutoCAD 原始的平面图，将全图相应的道路旁进行路灯的布置，如图 8.78 所示。

图 8.78　布置路灯

（12）将图面放大到如图 8.79 所示的区域，单击工具栏中的【推/拉】按钮，将白色区域依次向上拉伸，如图 8.80 所示，建立建筑小品模型。

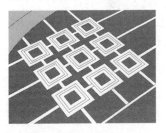

图 8.79　放大区域

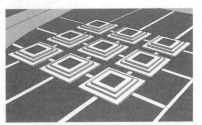

图 8.80　小品模型

（13）将图面放大到如图 8.81 所示的人工湖区域。选中湖面蓝色区域，单击工具栏中的【移动/复制】按钮，选中石料类型的材质，并直接赋予湖面平面。然后构建湖水下面的石质底层，如图 8.82 所示。

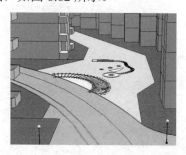

图 8.81　人工湖区域

图 8.82　湖底填充

（14）单击工具栏中的【推/拉】按钮，将湖底平面向下推出 1500mm，形成湖底下沉的模型，如图 8.83 所示。

（15）单击工具栏中的【线】按钮，对湖边的线条描边，生成新的湖面，如图 8.84 所示。

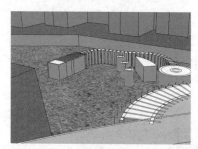

图 8.83　下沉湖底

图 8.84　湖面封面

（16）单击工具栏中的【材质】按钮，在弹出的【材质】对话框中选择湖面的材质，如图 8.85 所示。

图 8.85　湖面材质

（17）将选择的湖面材质赋予湖面平面，形成湖水，如图 8.86 所示。

（18）单击工具栏中的【推/拉】按钮，建立湖心和湖边的建筑小品，如图 8.87 所示。

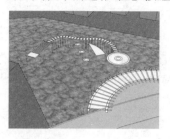 

图 8.86　赋予湖面材质　　　　　　　图 8.87　建立湖心和湖边的建筑小品

8.4.2　增加树木

选择【窗口】→【组件】命令，在弹出的【组件】对话框中选择适当的树木组件，参照 AutoCAD 原始的平面图，在场景中布置树木，如图 8.88 所示。

图 8.88　插入树木组件

8.4.3　增加阴影

场景基本完成后，还需要进行阴影及光线的调整，然后进行输出。具体操作步骤如下：

（1）选择【窗口】→【阴影】命令，在弹出的【阴影设置】对话框中单击【启用光影】按钮，然后调整相应的时间与日期，如图 8.89 所示。

（2）选择【窗口】→【模型信息】命令，在弹出的【模型信息】对话框中选择【地理位置】选项卡，在其右侧选择相应的地理位置，如图 8.90 所示。

 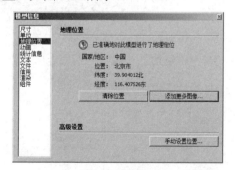

图 8.89　【阴影设置】对话框　　　　　图 8.90　调整位置

（3）调整并优化视角，达到最佳的观察方式。选择【窗口】→【样式】命令，在弹出的【样式】对话框中选择【编辑】选项卡，在【背景】栏中选中【天空】复选框，并调整天空颜色为浅蓝色，如图 8.91 所示。

（4）设置完毕后，选择【文件】→【导出】→【二维图形】命令，在弹出的【输出二维图形】对话框中设置图片导出位置，选择【文件类型】为"JPEG image（*.jpg）"文件格式，并单击右下角【选项】按钮，在弹出的【导出 JPG 选项】对话框中进行如图 8.92所示的设置。

图 8.91　调整天空颜色

图 8.92　【导出 JPG 选项】对话框

（5）单击【确定】按钮，导出 JPG 文件，最终效果如图 8.93 所示。

图 8.93　最终效果图

第9章 小区设计

在建筑设计与城市规划设计中，室外群体建筑设计暨小区规划设计占有十分重要的地位。结合 SketchUp 的软件特性，设计人员可以利用 AutoCAD 绘制小区平面图，然后导入到 SketchUp 中对模型进行立体化创建。这样不仅可以加快设计者的创作速度，更能使整个设计过程更加轻松有趣。本章将使用 SketchUp 制作一个小区场景，读者可以从中体会室外建筑的创作思路和流程。

9.1 调整并导入 AutoCAD 底图

对小区进行规划设计时，一般要先对 AutoCAD 的图纸进行参数化设计，然后在 SketchUp 中在平面底图的基础上进行三维加工，得到体量化的立体模型。所以第一步就必须对最初的 AutoCAD 平面图纸进行一定的优化，使其能更好地应用于 SketchUp 的制作。

9.1.1 分析 AutoCAD 的平面图

在使用 SketchUp 进行建模前，需要对 AutoCAD 规划图纸有详细的了解，所以分析 AutoCAD 图纸显得尤其重要。本章中小区设计的总平面规划图如图 9.1 所示。该图纸，初看上去十分复杂，但是仔细观察，还是能够将其化繁为简。整个平面图上大致可分为以下几个组成部分。

- ❑ 图纸中右上和左下部分为小区住宅区，如图 9.2 所示。
- ❑ 图纸中间部分为小区中心广场，如图 9.3 所示。
- ❑ 图纸右下部分为小区水景造型，如图 9.4 所示。

整个小区的平面布局划分为以上的 3 个区域后，分析图纸中的个体元素，如房屋建筑、水体、喷泉、路灯、座椅、马路以及植物等细节元素。

图 9.1　小区设计总平面规划图

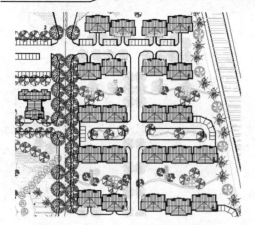

图 9.2　小区住宅

图 9.3　小区中心广场

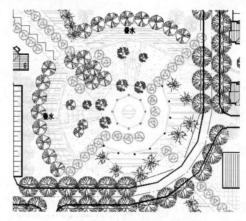

图 9.4　小区水景造型

注意：分析规划平面图时应该按照从大到小、从整体到局部的原则。因为它与建筑设计图、室内设计图不同，规划设计图纸表达的设计区域普遍很大，面积至少都是 1 公顷。分析时应先找路网，路网会将地块分成几个不同的功能分区，然后再查看逐个分区。

9.1.2　调整 AutoCAD 图形

通过对图纸的初步分析，要求能够对小区的构建有一定的认识。但图纸中的对象过于烦琐，如反复出现的植物、小区建筑等对象，这些对象会给三维造型带来许多不必要的麻烦。所以首先应该将图纸进行相应简化，得到满足平面地形的基础绘制条件。具体操作步骤如下：

（1）双击桌面上的 AutoCAD 2007 快捷方式图标，启动 AutoCAD 2007，打开图纸。

（2）在屏幕下方命令行中输入 layer（图层）命令并按 Enter 键，弹出【图层特性管理器】对话框。在【开】列中将除【房屋轮廓线】图层外的所有图层都关闭，如图 9.5 所示。屏幕中显示的对象只有当前图层中的内容。

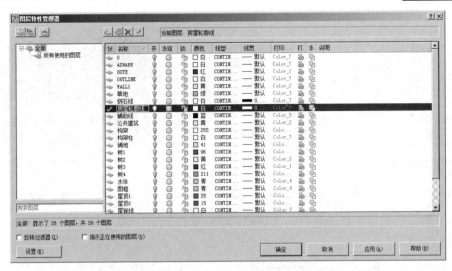

图 9.5 【图层特性管理器】对话框

（3）接着依次开启步骤（2）中被关闭的图层，并注意观察每个图层中的内容。

（4）在逐步开启图层的过程中保留组成基础平面的图层，如图 9.6 所示。最终保留的图层如图 9.7 所示，并关闭其他图层。

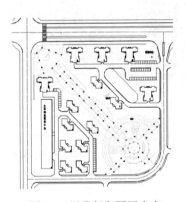

图 9.6 屏幕保留图层内容

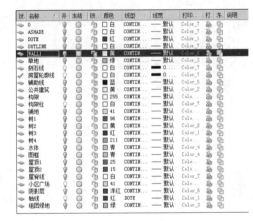

图 9.7 被保留的图层

（5）在 AutoCAD 中删除所有的文字对象，保证场景中的所有图形都是基础平面（所有的图形在 Z 轴上的高度为 0）。

💭注意：前 5 步操作是将 AutoCAD 图纸文件中的图层进行清理，目的是获得最直观实用的二维图纸。在图层的调整中，去掉树木、水体等。同时，这也是团队制作时衔接上一位制作者工作的必要操作。

（6）观察隐藏图层后的布局，可以发现当前 AutoCAD 图纸中还存在很多的问题，可能导致 AutoCAD 图纸导入到 SketchUp 中进行立体构建时发生错误。需要在 AutoCAD 中新建一个名称为"修改"的图层，并将此图层设定为当前图层，如图 9.8 所示。

（7）将当前图层的线形颜色改为比较醒目的颜色，如图 9.9 所示。

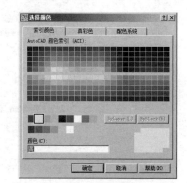

图 9.8 命名"修改"图层　　　　　　　　图 9.9 修改图层颜色

（8）将全图边缘的线条进行封闭处理，如图 9.10 所示。将超出的线条部分进行剪切，如图 9.11 所示。

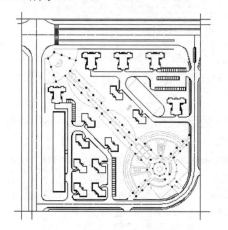

图 9.10 利用直线封闭边缘

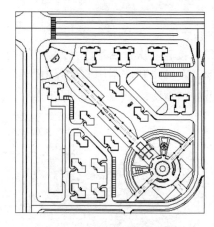

图 9.11 修剪边缘超出部分

（9）使用 AutoCAD 中的【线】工具和【圆弧】工具对道路部分在原图的基础上重新描绘一遍，将每条线条首尾相接，不得留有空隙。将描线处理后的原图部分逐步删除，最终道路轮廓部分的线条完全由新的品红色线条组成，如图 9.12 所示。

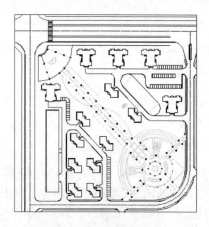

图 9.12 进行路面描底

（10）路面描底完成后，再分析图片。小区平面中留下的黄色的景观部分和黑色的房屋建筑部分仍然需要进行描底操作。按步骤（9）的操作将景观部分细化。

（11）在细化过程中，要注意圆形的路灯部分和道路之间的交接。确保对象与对象之间没有超出或未接到的情况出现，如图 9.13 所示。

（12）逐步将中心广场进行描底，同样注意线条之间的交接状态，以免在导入 SketchUp 中发生错误。其中反复出现的黑色实心点状图形可以忽略，不予描底，如图 9.14 所示。

图 9.13　图形之间的交接

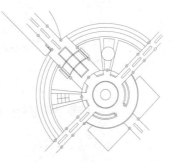

图 9.14　描底中心广场

（13）全图描底完成后，关闭除【修改】图层外的其他所有图层，如图 9.15 所示。

（14）最终得到平面图纸为品红色，如图 9.16 所示。

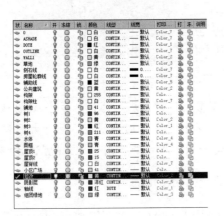

图 9.15　关闭其他所有图层

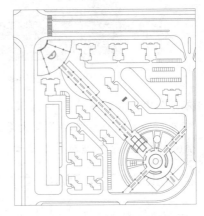

图 9.16　最终平面图纸

（15）在 AutoCAD 中按 Ctrl+A 组合键，选中所有图形对象，再按 Ctrl+C 组合键，将全部图形进行复制。选择【文件】→【新建】命令，在弹出的【选择样板】对话框中双击 acadiso.dwt（AutoCAD 的标准样板）文件，新建一个 AutoCAD 文件，如图 9.17 所示。

（16）在新建的文件上按 Ctrl+V 组合键，将【修改】图层上的所有图形对象粘贴到新建图形文件上。

（17）选择【文件】→【另存为】命令，弹出【图形另存为】对话框，如图 9.18 所示。将新建文件存储在磁盘上，选择【文件类型】为"AutoCAD 2004 LT2004 图形（*.dwg）"（AutoCAD 2004/LT2004、AutoCAD 2005、AutoCAD 2006 的文件格式都应选择"AutoCAD

2004/LT2004 图形（*.dwg）"），并将其命名为"修改后"。

图 9.17　新建 AutoCAD 文件

图 9.18　保存修改文件

注意：本节的重点工作是在原始 AutoCAD 图形上进行描底，为下一步导入到 SketchUp 中编辑做准备。这需要花费大量的时间和精力，平时在进行小区等大面积场景的 AutoCAD 图纸制作时也需要考虑到这一点，尽可能将图形进行规范化绘制。

9.1.3　将 AutoCAD 的 DWG 文件导入 SketchUp 中

将在 AutoCAD 中修改过的小区平面图导入到 SketchUp 中，利用 SketchUp 中平面图形转为立体图形的功能将设计方案立体化，并进行更加直观的规划设计。导入过程的具体操作步骤如下：

（1）启动 SketchUp，选择【窗口】→【模型信息】命令，打开【模型信息】对话框。选择【单位】选项卡，将场景单位设定为毫米，如图 9.19 所示。

（2）选择【文件】→【导入】命令，在弹出的对话框中选择【文件类型】为"AutoCAD 文件（*.dwg，*.dxf）"。再选择 9.1.2 小节保存的"修改后.dwg"文件，如图 9.20 所示。单击该对话框右侧的【选项】按钮，在弹出的【导入 AutoCAD DWG/DXF 选项】对话框中进行如图 9.21 所示的设置。依次单击【确定】、【打开】按钮，导入 AutoCAD 文件。

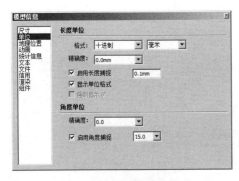

图 9.19　设置场景单位

图 9.20　选择打开文件

（3）文件导入完毕后，单击【缩放范围】按钮，进行全屏显示，完成后如图 9.22 所示。

图 9.21　导入设置

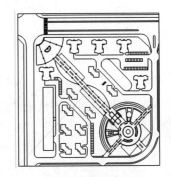

图 9.22　导入完成

注意：在导入到 SketchUp 时，一定要注意模型之间转换时的单位设置。在【导入 AutoCAD DWG/DXF 选项】对话框中选中【合并共面平面】复选框，可将共面的线直接转换成面；选中【平面方向一致】复选框，可以确保所有导入的图形线条的法线方向保持一致，以在后续的操作中保证构建的面保持统一。

9.2　绘制小区中的住宅楼

在 SketchUp 中制作建筑部分的模型仍然需要参照标准的 AutoCAD 图纸。利用 AutoCAD 的平面建筑图纸导入到 SketchUp 中建立单体建筑，并将其制作成组件，然后根据整体小区的布局，在组件库中进行调用。

9.2.1　绘制单体建筑的轮廓

同样地，单体建筑设计图中有很多不必要的内容，需要在 AutoCAD 中进行删除与修饰，以便导入 SketchUp 后作图。在 AutoCAD 中的修改方法如下：

（1）观察单体建筑平面图纸，如图 9.23 所示。图纸中有一些不必要导入 SketchUp 中的内容，所以应将该图纸有针对性地进行优化。

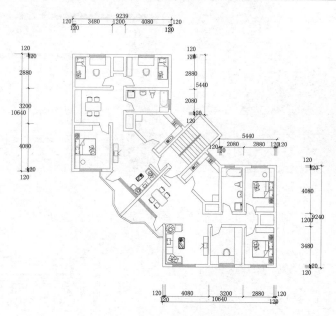

图 9.23　原始单体建筑平面图

（2）可以直接删除该图纸上的所有文字对象及家具示意对象，也可以用图层的方法将不需要的部分隐藏起来，如图 9.24 所示。

图 9.24　删除文字对象及家具对象

（3）将全图上的所有墙体部分进行简化，只保留外墙轮廓。窗户只保留最外一条轮廓，删除外墙轮廓以外的所有墙线，如图 9.25 所示。注意对阳台部分依照 SketchUp 的制作特性作出适当的修改，使其更加适用于 SketchUp 软件的操作方式，如图 9.26 所示。

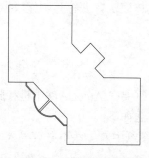

图 9.25　墙体轮廓简化

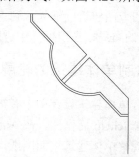

图 9.26　阳台处理

（4）选择【文件】→【另存为】命令，弹出【图形另存为】对话框。在【文件类型】下拉列表框中选择"AutoCAD 2004/LT2004 图形（*.dwg）"，并将其命名为"单体建筑修改后.dwg"，单击【保存】按钮，如图 9.27 所示。这一步操作就是将新建文件存储到磁盘上。

下面将单体建筑的平面图导入到 SketchUp 中进行三维成形。具体操作步骤如下：

（1）启动 SketchUp 并设置单位为毫米后，选择【文件】→【导入】命令，打开保存的"单体建筑修改后.dwg"文件。单击对话框右侧的【选项】按钮，将导入选项，并在弹出的对话框中进行如图 9.28 所示的设置。

图 9.27　保存文件

图 9.28　导入选项设置

（2）单击【缩放范围】按钮，显示导入后的全图，如图 9.29 所示。

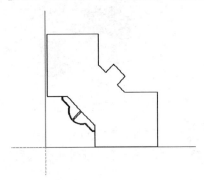

图 9.29　显示导入后的全图

（3）检查导入后图形线条的连贯性，利用 SketchUp 的第三方插件对线条进行检查。选择【插件】→【文字标注】→【标注线头】命令，窗口中显示如图 9.30 所示的标注。标注共有 3 个，表明当前的线条在接合时共有 3 个部分没有接合，应该将这 3 处的接头部分修改，并将线条补齐。

　注意：这个【寻找线头】的插件在配书光盘中提供。

（4）将标有"1 of 3"标记的线条处放大，如图 9.31 所示。将线条从超出的端点到交点之间画一条直线，然后将超出的线段删除。

（5）依次将剩余的两处标记线条进行放大、修改，并且进行闭合。闭合后选中标记符号，将其删除，如图 9.32 所示。

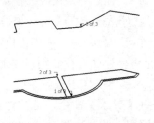

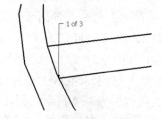

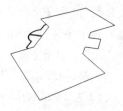

图 9.30　寻找线头　　　　　　图 9.31　放大标记的线条处　　　　图 9.32　线条修整后

9.2.2　拉伸出三维高度

导入后的平面图还需要进行三维造型，拉出大体的建筑造型。然后参照详细的 AutoCAD 图纸，进行建筑的细节处理，将平面图纸进行拉动，形成初步的单体建筑模型轮廓。具体操作步骤如下：

（1）使用【线】工具在平面图形上沿边线画线，使其由线条转化成能够被拉伸的面，如图 9.33 所示。在进行边线绘制时一定要捕捉到每条边线的端点，以达到将线条构建成面的目的。

🔔注意：切记不要生成多余的线条，如果发现应及时删除。如果出现破面，应及时进行补线处理，使其重新生成表面。

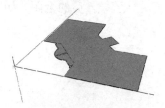

图 9.33　封闭线条转化成面

🔔注意：使用 SketchUp 制作设计方案时，对 AutoCAD 导入后的平面图有一定的要求，即线段之间相接不相交。利用插件可以很快地查找到这些不规则的端点，从而进行修复。

（2）测量 AutoCAD 图纸中单体建筑第一层的建筑总体高度为 1500mm（砖墙部分），如图 9.34 所示。

（3）依照原始图纸进行墙体的拉伸成形。在 SketchUp 中选中建筑的房体底面，使用【推/拉】工具将其拉伸 1500mm，如图 9.35 所示。

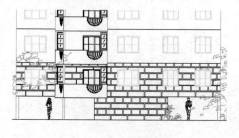

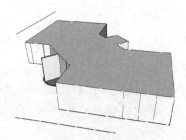

图 9.34　砖墙高度测量　　　　　　　　　　　图 9.35　拉伸房体底面

（4）测量 AutoCAD 图纸中阳台栏杆的高度为 625mm，如图 9.36 所示。直接拉伸 SketchUp 中模型的阳台底面，高度为 625mm，结果如图 9.37 所示。

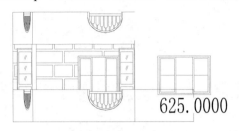

图 9.36　测量阳台高度

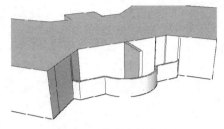

图 9.37　拉伸阳台高度

（5）参考 AutoCAD 立面图纸中的窗台位置，如图 9.38 所示。使用【卷尺】工具在侧墙上定位窗台的高度位置，如图 9.39 所示。

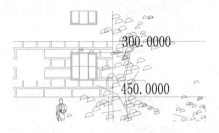

图 9.38　查询窗台高度

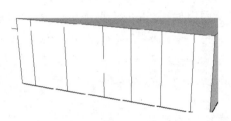

图 9.39　定位窗台的位置

（6）使用【线】工具绘制窗户最外边的轮廓线，如图 9.40 所示。按照 AutoCAD 立面图纸中窗框的测量数据，进一步对窗户模型进行建立。

（7）得到在 AutoCAD 中建筑立面图窗体窗框的厚度为 25mm。在 SketchUp 中，选中被分割出的窗户平面，单击【偏移/复制】按钮，将窗框内轮廓进行偏移，在屏幕右下角的数值输入框中输入 25。利用同样的方法绘制余下的窗户窗框部分，结果如图 9.41 所示。

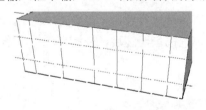

图 9.40　绘制窗户最外边的轮廓线

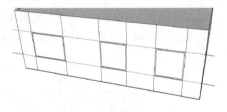

图 9.41　绘制窗框轮廓线

（8）参考 AutoCAD 立面图纸的窗户数据，使用【卷尺】工具定义窗户的分界线。使用【线】工具进行窗体边界线绘制，具体数据如图 9.42 所示。

（9）同步骤（8），借助 AutoCAD 立面图纸参数，绘制余下的窗体轮廓，具体参数如图 9.43 所示。

注意：借助 AutoCAD 图纸的精确数值，可以保证在 SketchUp 中绘制三维模型时使模型拥有更加准确、真实的建筑尺寸，也是精确化建模的必要途径。

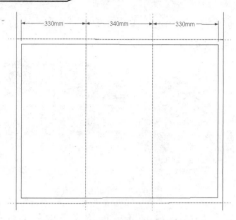

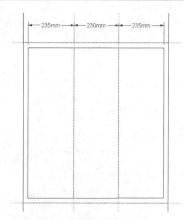

图 9.42　窗体边界线绘制 1　　　　　　　　　　图 9.43　窗体边界线绘制 2

（10）使用【偏移/复制】工具，在 SketchUp 中参照 AutoCAD 图纸中的数据，将窗体的轮廓向内偏移 25mm，形成单体窗户窗框轮廓，如图 9.44 所示。

（11）单击【推/拉】按钮，分别将所有窗户的整体外轮廓向外拉伸 30mm，将单体窗户窗框向外拉伸 25mm，由二维窗体转化为三维窗体，如图 9.45 所示。

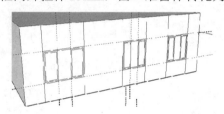

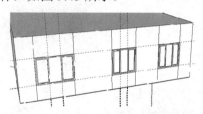

图 9.44　绘制单体窗户窗框轮廓　　　　　　　图 9.45　二维窗体转化为三维窗体

📖说明：使用 SketchUp 建模时，应将多次重复出现的模型对象（如本例中出现的窗户及后续的门等物件）及时制作成组件并添加到组件库中，便于多次调出使用。

（12）参考 AutoCAD 的原始平面图对余下的所有窗体进行绘制，在绘制过程中，注意使用 SketchUp 中的组件来进行重复对象的创建，可以提高创建速度，使制作保持流畅感，如图 9.46 所示。

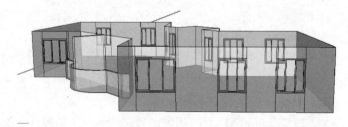

图 9.46　绘制余下窗体

（13）观察建筑立面图中楼层阳台的门的结构设置，如图 9.47 所示。在 AutoCAD 中测量门的相关数据，使用【卷尺】工具绘制阳台门的轮廓线，具体参数如图 9.48 所示。

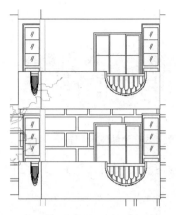

图 9.47 AutoCAD 图纸中的阳台门外形

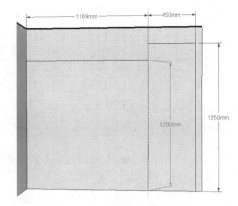

图 9.48 绘制阳台门轮廓线

⌂注意：在 AutoCAD 中查询建筑相关数据时，一定要将立面图和平面图结合起来一同观察。案例中建筑立面图的绘制是呈一定夹角的，无法从单一的立面图上获得准确的宽度定位。只有结合平面图，才能查询到准确的宽度数据。另外，绘制建筑立面图时，其他图形对象可能会影响当前的操作，这时可以将局部进行隐藏。

（14）在 AutoCAD 图纸中仔细测量阳台门窗的细部尺寸。结合 AutoCAD 测量得到的数据，在 SketchUp 中使用【线】工具勾勒出阳台门窗的具体造型，如图 9.49 和图 9.50 所示。

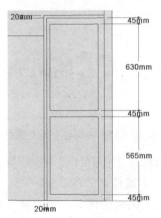

图 9.49 细化阳台 A

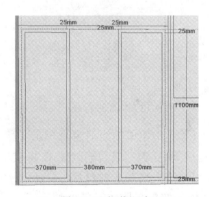

图 9.50 细化阳台 B

（15）在 SketchUp 中依照阳台门窗轮廓划分，使用【推/拉】工具对阳台门窗进行边框拉伸，如图 9.51 所示。拉伸厚度参考门窗宽度。

（16）在 SketchUp 中使用同样的方式建立另一侧的阳台门窗，如图 9.52 所示。

（17）选择【编辑】→【删除导向器】命令，删除场景中不需要的辅助线。

至此，单体建筑的单层模型已经完成了 AutoCAD 平面图形向 SketchUp 三维模型的转化。在转化过程中，SketchUp 模型继承了 AutoCAD 图纸的精确尺寸，完成后的模型具备平面图纸难以达到的三维体量感，从而使建筑设计方案更为直观，更加方便设计者对方案进行设计与推敲。

图 9.51　拉伸阳台门窗边框　　　　　　　图 9.52　建立另一侧的阳台门窗

（18）在 SketchUp 中选中已建立的楼层模型底面的边线，使用【线】工具进行描边。将模型底面进行封闭，如图 9.53 所示。

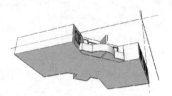

图 9.53　将楼层模型底面进行封闭

（19）右击屏幕上表面色为蓝色的面，在弹出的快捷菜单中选择【确定平面的方向】命令，效果如图 9.54 所示。

（20）全选所有屏幕对象，再选择【编辑】→【创建组】命令，将全体对象变成组，如图 9.55 所示。

图 9.54　将面进行统一　　　　　　　　　　图 9.55　将所有对象变成组

（21）选中生成的组对象，单击【移动/复制】按钮，按住 Ctrl 键不放进行垂直方向上的复制。移动复制完成后输入 x5，将楼层复制 5 层。大致楼体如图 9.56 所示。

（22）选中楼体中的最底层，双击楼层模型，进入组编辑模式。选中楼层底面，参照 AutoCAD 建筑立面图中最底层的高度，使用【推/拉】工具将底层进行向下拉伸 1050mm，如图 9.57 所示。

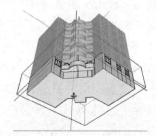

图 9.56　复制楼层　　　　　　　　　　　　图 9.57　拉伸底层楼板

（23）保持底层平面的选择状态，使用【线】工具画出如图 9.58 所示的分割直线，将底面划分成 3 个部分。

（24）使用【推/拉】工具，将划分出的左、右两个面向上拉伸 1050mm，如图 9.59 所示。

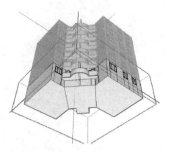

图 9.58　分割底层平面

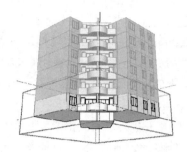

图 9.59　将划分面向上拉伸

（25）在拉伸过后的底面上的边角处绘制边长为 250mm 的矩形，位置如图 9.60 所示，用来制作承重柱体的基面图形。然后对矩形进行复制，如图 9.61 所示。

（26）使用【推/拉】工具，分别对绘制的基面向下拉伸 1050mm，如图 9.62 所示，这样就形成了框支结构中一层楼的柱子。

（27）使用相同的方法对建筑另一侧进行立柱绘制，最终效果如图 9.63 所示。

图 9.60　绘制柱体基面

图 9.61　将基面进行复制

图 9.62　拉伸基面

图 9.63　柱体完成

注意：在 SketchUp 中进行楼层复制时会消耗大量的计算机资源，复制数目越多，对所使用的计算机硬件要求就越高。例如，本例中建筑模型的窗体及门体等细节部分过于复杂。因此，在实际的大型建筑模型制作中，可以根据计算机硬件承受能力，尽量将这些细节进行精简。

9.2.3 对住宅做局部修饰

模型的大致形态已经出现，但需要进行更多的细节修饰。模型的真实性来自于细节，细节的构建能使场景更加完善。构建楼体的细节过程如下：

（1）选中顶层，双击楼层模型，进入组编辑模式。将此楼层顶部的面选中，使用【推/拉】工具，按住 Ctrl 键不放，将顶层平面进行移动复制，移动距离为 500mm，如图 9.64 所示。

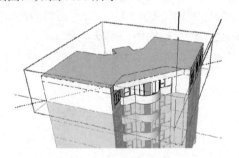

图 9.64 复制顶层平面

（2）使用【卷尺】工具沿复制出的楼层正面的阳台线向外做一条辅助线，位置如图 9.65 所示，在屏幕右下角的数值输入框中输入 1150。再使用【线】工具，将两边线的交点相连，闭合成面。

（3）使用【推/拉】工具，对复制出的楼板层向下拉伸 500mm。采用同样的方法，对新生成的平面进行拉伸，并且对齐到下一层顶面，如图 9.66 所示。

图 9.65 绘制新面

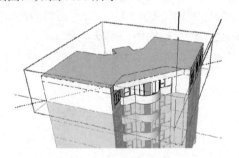

图 9.66 向下拉伸平面

（4）将顶层楼体的面进行统一，如图 9.67 所示。

（5）删除顶面内部多余的单线，然后选中顶面，使用【偏移/复制】工具，将顶面向内进行偏移复制，距离为 150mm，如图 9.68 所示。

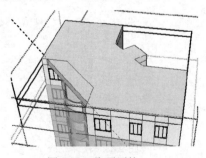

图 9.67 将顶面统一

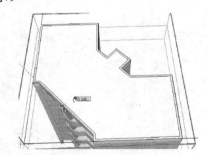

图 9.68 顶面偏移复制

（6）选中复制出的新面，使用【推/拉】工具将其向下拉伸 460mm，如图 9.69 所示，这样就形成了屋顶的女儿墙。

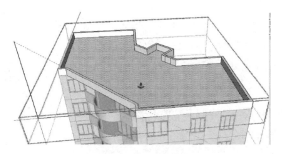

图 9.69　向下拉伸顶层

（7）使用【线】工具，在顶面上绘制如图 9.70 所示的两条直线，这两条直线是制作楼顶造型的分割线。使用【推/拉】工具将分割出的平面向上拉伸 2000mm，在拉伸过程中有面限制，必须分为两次进行，如图 9.71 所示。

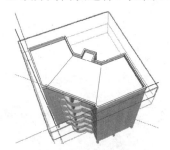

图 9.70　绘制顶楼造型线

图 9.71　拉伸顶楼造型

注意：以上对楼层的细节处理全部在相应的组内进行，绘制的相应线条必须限制在面上，否则会导致面无法封闭。

（8）单击【材质】按钮，在弹出的【材质】对话框中选择楼体颜色与材质。具体操作如图 9.72 所示。

（9）选择好材质后，单击整个楼体下面的楼层，将材质赋予底层楼体，如图 9.73 所示。用同样的方式给上层楼体统一赋予灰白色的材质，如图 9.74 所示。

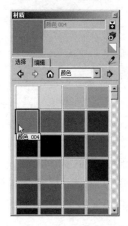

图 9.72　选择混凝土材质

图 9.73　赋予底层楼体材质

图 9.74　赋予上层楼体材质

△注意：在 SketchUp 中对大场景进行材质赋予时，尽量不要使用贴图的方式，在场景中过多使用贴图，会导致计算机运行缓慢，从而影响作图效率。本例中的小区场景更加侧重于小区的规划和布局，对颜色的优化是必然的。这样既节省了计算机资源，也使表现对象更加明确。

（10）将已完成的楼体平面图保存为名称为"建筑 1.skp"文件。准备下一步整体的合并。

9.3　绘制小区中的公共建筑

9.3.1　调整底图

在小区的规划设计中，由于国家有关于配套设施的规范化要求，要布置一定量的公共建筑以满足小区需要。在进行公共建筑的绘制时，需要利用 AutoCAD 中原始的平面图纸进行精确定位，然后使用 SketchUp 中的三维造型工具进行立体成形。在建模时，对 AutoCAD 的图纸精度要求比较高。

（1）在 SketchUp 中选择【文件】→【打开】命令，在弹出的对话框中选择 9.1 节中制作成形的"修改后"的 SketchUp 文件。

（2）使用【线】工具依次将所有道路部分的线条进行描边，封闭成面，为下一步整体的合并做准备。完成后的效果如图 9.75 所示。

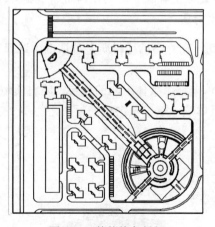

图 9.75　整体线条封闭

在执行步骤（2）时，会发现有些线条无法封闭成面。经过仔细观察可知，这些对象的组成线条中都有圆弧。问题出现的原因是由于在 AutoCAD 中绘制圆弧导入到 SketchUp 后，SketchUp 会自动将这些圆弧进行降级处理，直接将圆弧转化为多边形进行处理，导致在 AutoCAD 中与圆弧相交或相接的对象都无法在 SketchUp 中继续保持相交或相接的状态，于是便出现了以上的情况。处理方式如下：

（1）首先检查导入后图形线条的连贯性，利用 SketchUp 的第三方插件对线条进行检查。选中需要闭合的线条对象，选择【插件】→【文字标注】→【标注线头】命令，在所选的线条上方就会出现相对的标记，标注所选对象中未闭合的线条，如图 9.76 所示。

（2）然后根据所显示的线头位置，将出现线头的原始线条删除，如图 9.77 所示。使用【线】工具重新画线并进行封闭（注意捕捉到端点，一定使线条相接，这样就能封闭断线），封闭后的线条呈细线显示，表明已经封闭成面，如图 9.78 所示。如果出现直线和圆弧相交但无法闭合的现象，就会出现如图 9.79 所示的粗线，这时需要重新进行补线处理。

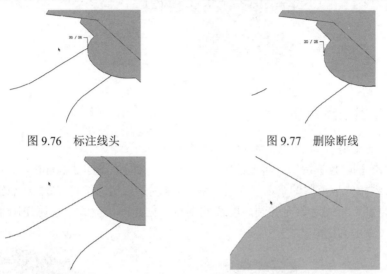

图 9.76　标注线头　　　　　　　　　　　　　图 9.77　删除断线

图 9.78　完成线条封闭　　　　　图 9.79　直线与圆弧相交无法闭合的状态

（3）完成线条的初步封闭后，在全图上仍有许多线条以粗线条的形式显示。再次对这些线条进行描边，如图 9.80 所示。

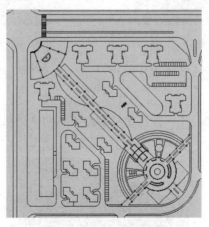

图 9.80　描边完成的图形

（4）参考小区整体规划图，在 SketchUp 中对如图 9.81 所示的建筑基础平面进行材质赋予。单击【材质】按钮，在弹出的【材质】对话框中选择【混凝土】材质，然后选择适当的建筑材质进行赋予。

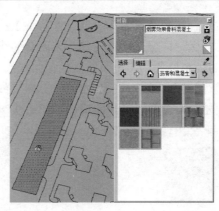

图 9.81　赋予材质

9.3.2　拉伸出三维高度

在底图基础上进行三维拉伸的具体操作步骤如下：

（1）单击【推/拉】按钮，将已经赋予材质的对象向上拉伸 2000mm，如图 9.82 所示。

（2）选中拉伸最上层的平面，单击【移动/复制】按钮，按住 Ctrl 键不放，沿垂直方向向下进行复制，复制对象对齐到高度线的中点，创建出楼板线。也可使用【线】工具直接绘制，如图 9.83 所示。

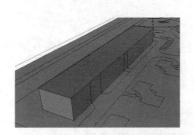

图 9.82　向上拉伸

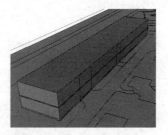

图 9.83　创建楼板线

（3）使用【推/拉】工具对线条闭合的区域进行拉伸，产生建筑外立面的细节，如图 9.84 所示。

📖注意：在执行这个步骤时，可根据拉伸对象对随机的线条进行修改，这样便于建筑的外观修改。

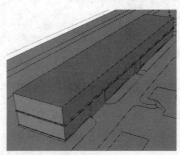

图 9.84　绘制建筑外观

9.3.3 对公共建筑做局部修饰

本小节对小区内的公共建筑做局部修饰，具体操作步骤如下：

（1）在建筑的表面上使用【推/拉】工具，绘制出如图 9.85 所示的建筑外观窗户的轮廓。

（2）使用【推/拉】工具对窗体进行向外拉伸，构建窗体厚度，如图 9.86 所示。再使用【偏移/复制】工具对窗体进行向内偏移，绘制出窗框，如图 9.87 所示。

图 9.85　外窗轮廓　　　　图 9.86　拉伸窗体　　　　图 9.87　绘制窗框

（3）选择【窗口】→【材质】命令，弹出【材质】对话框，选中如图 9.88 所示的玻璃材质，将其赋予窗户玻璃面，如图 9.89 所示。

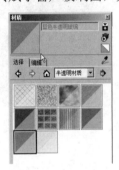

图 9.88　选择材质　　　　　　　图 9.89　赋予材质

（4）选中建立好的窗户整体模型，单击【移动/复制】按钮，按住 Ctrl 键不放，沿水平方向复制 7 个，创建剩余窗户的模型，如图 9.90 所示。

（5）使用【移动/复制】工具将已建立的窗户模型复制到一楼，创建一楼的窗户模型，如图 9.91 所示。

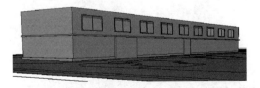

图 9.90　创建剩余窗户模型　　　　　　图 9.91　创建一楼外窗

（6）选择【文件】→【另存为】命令，将文件进行保存，并将 9.2 节保存的"建筑 1"

的文件在 SketchUp 中打开，然后将文件中的建筑模型成组，如图 9.92 所示。

（7）选中成组的建筑模型，按 Ctrl+C 组合键，将建筑进行复制。然后打开整体平面，再按 Ctrl+V 组合键，将单体建筑粘贴到建筑的原始平面上，并且将其按照比例进行缩放，使其符合整体平面图的基础平面大小，如图 9.93 所示。

图 9.92　建筑成组

图 9.93　导入单体建筑

🔔**注意**：这是一个将所有建筑模型进行合并的过程，使用复制的方式对模型进行合并。合并后可以使用【拉伸】工具调整模型的大小，将模型匹配于平面的底图。

（8）选中已经调整过比例的建筑模型组件，单击【移动/复制】按钮，并按住 Ctrl 键不放，将建筑依照底面平面进行复制，使其对齐到每个相同类型建筑的底面上，如图 9.94 所示。

（9）在 SketchUp 中打开【材质】对话框，将基础平面上的所有道路部分赋予材质。此处的材质尽量使用较简单的材质，不要大面积地使用分辨率较高的贴图类型的材质，否则会导致计算机反应过慢，如图 9.95 所示。

图 9.94　复制建筑群

（10）在基础平面上将另一类型的建筑平面赋予简单材质，然后使用【推/拉】工具向上拉伸，形成建筑外观，如图 9.96 所示。

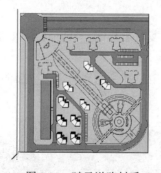

图 9.95　赋予道路材质

图 9.96　拉伸建筑平面

🔔**注意**：此处的建筑只做拉伸操作。由于整个造型的主体是先导入的建筑造型，所以其他建筑造型可以进行虚化处理，这样既节省了计算机资源，也突出了画面中心。

（11）利用【材质】对话框将小区底面图中的绿化区域赋予简单材质，如图 9.97 所示。

（12）右击场景中的所有建筑模型对象，在弹出的快捷菜单中选择【隐藏】命令，再将复杂的建筑模型进行隐藏，如图 9.98 所示。这样可以节省计算机实时显示资源，提高后续的操作速度。

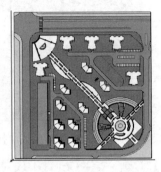
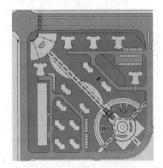

图 9.97　赋予绿化区域材质　　　　　　　　图 9.98　隐藏建筑模型

（13）放大中心广场，激活【材质】对话框，参照 AutoCAD 整体规划图纸，选择适当的底面材质，为中心广场的地面赋予材质，如图 9.99 所示。

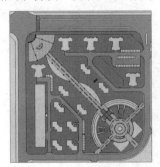

图 9.99　赋予广场底面材质

（14）单击【推/拉】按钮，将已经赋予材质的地面向上拉伸，将平面向立体化造型转化，如图 9.100 所示。

（15）打开【材质】对话框，选择草皮的材质，将中心广场的绿化带区域进行材质赋予。将绿化带的花坛部分进行向上拉伸，使其高于地面，如图 9.101 所示。

图 9.100　拉伸广场地面　　　　　　　　图 9.101　细化中心花坛

（16）使用【推/拉】工具，将中心广场的水体部分进行向下推动，形成水池的深度，如图 9.102 所示。

（17）打开【材质】对话框，选择另一种石面材质，并将其赋予水池模型底面，将水池模型进行进一步完善，如图 9.103 所示。

图 9.102　向下推动水池

图 9.103　赋予水池模型底面材质

（18）选中水池模型的底面，使用【移动/复制】工具，按住 Ctrl 键不放向上进行复制，再将复制的面对齐到水池的边缘，结果如图 9.104 所示。

（19）激活【材质】对话框，选择如图 9.105 所示的材质对象，并将选中的材质赋予复制出的水池底面，形成水面，如图 9.106 所示。

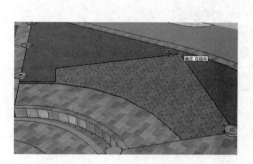

图 9.104　复制水池底面

图 9.105　选择水面材质

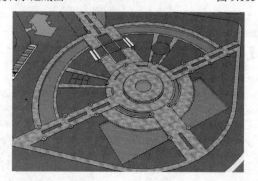

图 9.106　赋予水面材质

🔔注意：建立时依照先赋予材质，后进行模型造型的顺序。制作过程中一定要将不需要编辑的对象、表面过于复杂的对象进行隐藏，针对计算机的计算速度进行模型上的优化，并对文档进行及时保存，避免因计算机负担过重，跳出程序造成损失。

9.4　调整空间细节

借助已经建立的初步场景，继续在场景中添加相关细节模型，如路灯等，进一步丰富场景的相关细节。此过程需要运用 SketchUp 中的组件来进行操作，制作前需要先安装组件库到 SketchUp 中。

9.4.1　增加室外建筑小品

增加室外建筑小品的具体操作步骤如下：

（1）选择【窗口】→【组件】命令，调出 SketchUp 组件库，如图 9.107 所示。

（2）在组件库中找到室外模型组件，并选择路灯的组件，采用选中拖动的方式将选中的路灯组件添加到当前场景中，并放置在合适的位置，如图 9.108 所示。

图 9.107　调出组件

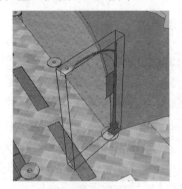

图 9.108　添加组件

（3）路灯组件调入到场景中后，模型偏大，需要调整比例。选中路灯组件，单击工具栏中的【拉伸】按钮，对路灯组件进行等比缩放，将组件调整到合适比例，如图 9.109 所示。

（4）当前的路灯组件模型比例适当，但路灯的方向还需调整。选中路灯组件模型，单击工具栏中的【旋转】按钮，基于场景地面平面对模型进行旋转，将路灯旋转为正对道路，如图 9.110 所示。

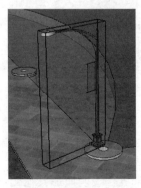

图 9.109　等比缩放路灯

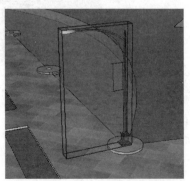

图 9.110　旋转路灯组件

（5）使用【移动/复制】工具，并按住 Ctrl 键不放，将路灯组件进行复制，布置出全场景中的路灯，并仔细调整灯体的相关位置，如图 9.111 所示。

（6）继续在组件库中找到另一种外形的室外灯具组件模型，按照前面介绍的方法，将路灯模型沿中心广场进行对应布置，如图 9.112 所示。

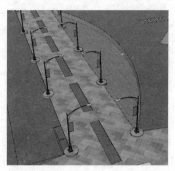 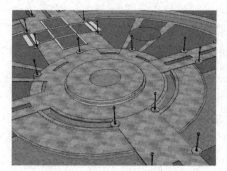

图 9.111　复制路灯组件（一）　　　　图 9.112　复制路灯组件（二）

9.4.2　增加树木

参照 AutoCAD 规划图纸可以发现场景中还需要建立相关的植物绿化带。调出 SketchUp 组件库，选择室外植物，依次对绿化带进行建立，如图 9.113 所示。在 SketchUp 中对室外场景进行植物的建立时，需要注意以下事项。

- ❑　植物分布的具体位置要参照 AutoCAD 整体规划图纸来确定。
- ❑　尽可能选择面数相对较少的植物组件，以节省计算机资源，提高操作速度。
- ❑　在场景中组件尽可能采取近处植物模型精细、远处植物模型粗略的方式进行布置，以保证场景在制作时的速度。
- ❑　保证建立的植物模型比例正常，不出现常识性错误。

图 9.113　构建植物

9.4.3　增加其他配景

在场景中，还缺少相关的建筑小品模型。设计人员可随意添加一些相关组件，进一步丰富场景。下面以增加路边休闲椅及停车场等配景为例，来进行说明增加其他配景的方法。具体操作方法如下：

（1）启动 SketchUp 组件库，选择适当的室外休闲椅组件，将其导入到如图 9.114 所示的位置。

（2）椅子模型偏大，需要对比例进行调整。选中休闲椅组件，单击工具栏中的【拉伸】按钮，对休闲椅组件进行等比例缩放，并将组件调整到合适比例，如图 9.115 所示。

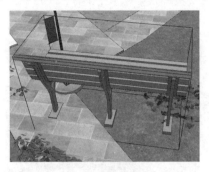

图 9.114　导入休闲椅组件

图 9.115　调整休闲椅比例

（3）休闲椅组件模型比例适当，但方向还需进一步调整。选中休闲椅组件模型，单击工具栏中的【旋转】按钮，基于场景草地平面对模型进行旋转，将休闲椅模型旋转为正对道路方向，如图 9.116 所示。

（4）使用【移动/复制】工具对选中的休闲椅组件模型进行位置调整，如图 9.117 所示。

图 9.116　旋转休闲椅模型

图 9.117　调整休闲椅组件位置

（5）使用【移动/复制】工具，再按住 Ctrl 键不放，将休闲椅进行移动复制，并将其分布于道路两边，如图 9.118 所示。

图 9.118　将休闲椅分布于道路两边

（6）启动 SketchUp 的【组件】对话框，选中室外模型中的停车场组件模型，导入到如图 9.119 所示的位置。

（7）单击工具栏中的【旋转】按钮，将选中的停车场模型基于场景地面平面进行旋转，使其正对公路，并使用【拉伸】工具对停车场组件进行适当缩放，如图 9.120 所示。

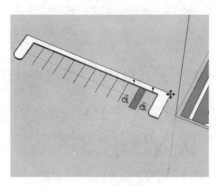

图 9.119　导入停车场组件

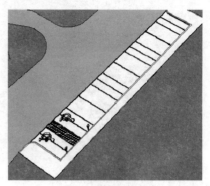

图 9.120　调整停车场组件

💭**注意**：使用组件时，经常会出现组件比例和方向不合适的情况，这时要使用【拉伸】与【旋转】工具对组件进行调整。

（8）选中停车场组件模型，使用【移动/复制】工具将模型进行复制，使其布满整个停车场框架，如图 9.121 所示。

（9）单击工具栏中的【材质】按钮，在弹出的【材质】对话框中选择道路材质，将原始蓝色地面赋予道路材质，并将两个停车场中间的间隔部分补上草地材质，如图 9.122 所示。

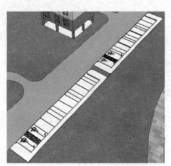

图 9.121　复制停车场组件

图 9.122　调整材质

（10）用同样的方式建立全场景中的停车场模型。

💭**注意**：全场景中还有许多细节模型可建立，在计算机硬件允许的条件下尽可能地对细节进行增加，如足球场等可同样使用组件的方式进行创建。由于使用组件的方式可大幅度提高创建速度，建议多使用该方式。组件的来源有两个：一是在平时的制作中收集；二是在网上进行收集。本例中使用的组件来源于 SketchUp 的官方组件库，可在 SketchUp 的官方网站上进行下载。

9.5 导出小区的效果图

9.5.1 设置区位、打开阴影

建立好的场景最终是需要进行输出的。在 SketchUp 中对场景进行输出时，需要给整个场景添加光线阴影来增加立体感。大场景阴影的创建对计算机的要求比较高，所以执行这个步骤前一定要将文件另存。具体操作步骤如下：

（1）在 SketchUp 中将场景进行降级显示。在工具栏中选择显示方式为"阴影"，进一步降低场景对计算机的要求，如图 9.123 所示。

（2）选择【窗口】→【阴影】命令，激活【阴影】工具栏。单击【阴影设置】按钮，弹出【阴影设置】对话框，如图 9.124 所示。

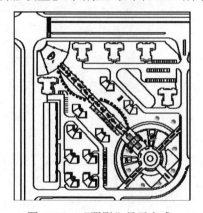

图 9.123 "阴影"显示方式

图 9.124 【阴影设置】对话框

（3）在【阴影设置】对话框中设置如图 9.125 所示的参数，以便观察模型阴影。

（4）单击【顶视图】按钮，将屏幕切换到顶视图中，此时场景模型的阴影如图 9.126 所示。

图 9.125 阴影参数设置

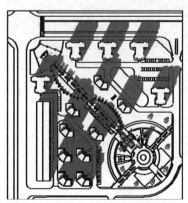

图 9.126 阴影显示

9.5.2　选择观测视点与观测角度

选择观测视点与观测角度的具体操作步骤如下：

（1）利用 SketchUp 中的视图调整工具将视图进行定位，此过程中需将部分场景模型进行隐藏，在调整好观测视图位置后，再显示其隐藏的部分。调整后的视图如图 9.127 所示。

（2）选择【窗口】→【样式】命令，在弹出的【样式】对话框中选择【编辑】选项卡，选中【天空】复选框，如图 9.128 所示。

图 9.127　调整视图

图 9.128　【样式】对话框

（3）设置显示天空后的效果如图 9.129 所示。

（4）单击工具栏中的【选择贴图】按钮，将场景中材质部分进行显示。同时选择【窗口】→【阴影】命令，在【阴影设置】对话框中单击【启用光影】按钮，场景效果如图 9.130 所示。

图 9.129　天空效果

图 9.130　开启材质显示

🔔注意：由于显示了材质与贴图，并且按下了【启用光影】按钮，所以此时计算机运行速度会变慢很多。

9.5.3　导出效果图

导出效果图的具体操作步骤如下：

（1）转动视图，调整视角与视高。然后选择【文件】→【导出】→【二维图形】命令，弹出【输出二维图形】对话框，如图 9.131 所示。

图 9.131　【输出二维图形】对话框

（2）在【输出二维图形】对话框中选择【文件类型】为"JPEG 图像（*.jpg）"，单击【选项】按钮，弹出如图 9.132 所示的【导出 JPG 选项】对话框，然后在【宽度】与【高度】文本框中输入需要输出的分辨率的值，单击【确定】按钮，完成 JPG 导出设置。

图 9.132　【导出 JPG 选项】对话框

（3）在【输出二维图形】对话框中指定图片保存位置，输入导出图像的名称，单击【输出】按钮，导出图像。最终效果如图 9.133 所示。

图 9.133　最终效果图

下篇　输入与输出

第 10 章　输入 AutoCAD 的 DWG 文件

Autodesk 公司开发的计算机辅助设计软件 AutoCAD 是全球设计行业运用得最广的软件。设计师在使用 SketchUp 作图时，可以利用已经完成的 AutoCAD 图形文件。只需在现有的 AutoCAD 图形文件的基础上做一些修改，然后导入 SketchUp 中进行绘图操作。

AutoCAD 的图形文件格式主要有两种：DWG 与 DXF。前者使用得更加广泛一些。Google SketchUp 支持的 AutoCAD 二维与三维的 DWG/DXF 格式文件的版本包括 DWG r12、DWG r14、DWG r2000、DWG r2004、DXF r12、DXF r13、DXF r14、DXF r15 和 DXF r16 等。

10.1　在 SketchUp 中输入 AutoCAD 的 DWG 文件

SketchUp 中带有良好的 AutoCAD 的 DWG 文件输入接口，设计师可以直接利用 AutoCAD 的平面线形作为设计底图参照。虽然 SketchUp 中画线的功能与 AutoCAD 相差无几，但是如果能直接利用现有的 DWG 文件作为底面，则可以节省一定的作图时间。

10.1.1　输入 AutoCAD 的 DWG 文件的常规方法

虽然输入 DWG 文件的方法非常简单，但是如果操作不当，很容易出现错误，如单位的错误。单位错误的图形导入到 SketchUp 中是没有任何意义的。本节以一个长为 5400mm、宽为 4200mm 的矩形为例，来说明输入 AutoCAD 的 DWG 文件的常规方法。具体操作步骤如下：

（1）在 AutoCAD 中绘制一个 5400mm×4200mm 的矩形，如图 10.1 所示。

（2）在 AutoCAD 中选择【文件】→【另存为】命令，在弹出的【图形另存为】对话框中指定文件名与文件保存类型，然后单击【保存】按钮保存文件，如图 10.2 所示。

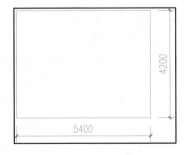

图 10.1　绘制 5400mm×4200mm 的矩形

图 10.2　保存 AutoCAD 文件

（3）双击桌面上的 Google SketchUp 8 快捷方式图标，启动 SketchUp。选择【文件】→【导入】命令，在弹出的【打开】对话框中选择步骤（2）保存的 AutoCAD 文件，如图 10.3 所示。

图 10.3　选择 AutoCAD 文件

（4）在【打开】对话框中单击【选项】按钮，再在弹出的【导入 AutoCAD DWG/DXF 选项】对话框的【比例】栏中的【单位】下拉列表框中选择【毫米】选项，然后单击【确定】按钮，如图 10.4 所示。

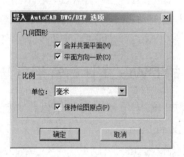

图 10.4　选择【毫米】为单位

🔔注意：这一步非常重要，一般导入 AutoCAD 的 DWG 文件时单位出错就是没有正确设置这一步。

（5）在【打开】对话框中单击【打开】按钮，导入 AutoCAD 文件。此时屏幕中会出现【导入结果】对话框，如图 10.5 所示，在该对话框中显示导入图形文件的属性。

（6）单击工具栏中的【缩放范围】按钮，矩形显示在屏幕中。使用【尺寸标注】工具分别对矩形的长、宽两条边进行标注，会发现导入后的尺寸是正确的，如图 10.6 所示。

（7）尺寸虽然正确了，但是这 4 条封闭的直线并没有形成矩形面，这时就需要补线。单击工具栏中的【线】按钮，在现有矩形的任意一条边上重复画线即可生成面，如图 10.7 所示。

图 10.5　【导入结果】对话框

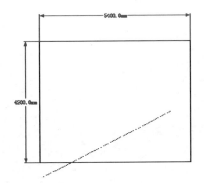

图 10.6　尺寸与导入前一致

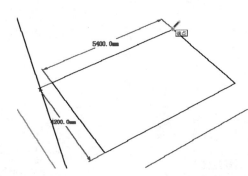

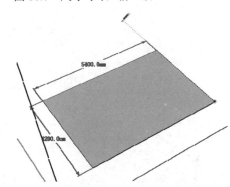

图 10.7　补线操作

⚠注意：在许多情况下，封闭直线并没有生成面，这时就需要人为的手工补线。补线的目的实际上就是向系统确认边界。

10.1.2　简化复杂的 DWG 文件

在一些使用 AutoCAD 绘制的方案设计图或施工图中，往往会有很多的尺寸标注、文本说明和填充图案等 SketchUp 无法导入的图形元素。实际上，设计师最需要的只是使用 AutoCAD 绘制的一些建筑轮廓线及形体分界线。在如图 10.8 所示的某小区总平面规划图中，就有许多不需要的图形元素。本节将介绍如何删除不需要的图形元素，以及如何将其导入到 SketchUp 中。具体操作步骤如下：

（1）通过观察总平面规划图可以得知，使用 SketchUp 建立此小区的模型最需要的就是道路与建筑的轮廓线，所以在 AutoCAD 中要将这两者"取出"并形成一个文件。

（2）在 AutoCAD 的命令行中输入 layer（图层）命令，按 Enter 键后弹出【图层特性管理器】对话框。选择【道路】图层，单击【当前】按钮，将【道路】图层设置为当前图层。

（3）在【图层特性管理器】对话框中保留【道路】与【建筑轮廓线】图层，并将其他图层隐藏起来，如图 10.9 所示。单击【确定】按钮，完成图层的操作，此时屏幕中只保留了这两个图层的图形，如图 10.10 所示。

⚠注意：如果准备导入的 AutoCAD 图形并没有很明确地划分图层，就需要设计师手工将图形文件进行分层处理。

图 10.8　总平面规划图

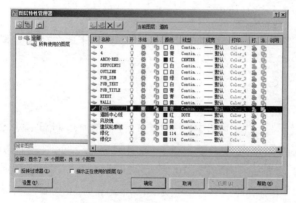

图 10.9　保留图层

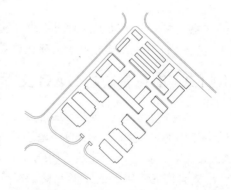

图 10.10　保留图层后的图形显示

　　（4）在 AutoCAD 的命令行中输入 wblock（写块）命令，弹出如图 10.11 所示的【写块】对话框。单击【选择对象】按钮，选择屏幕中的所有图形对象。在【插入单位】下拉列表框中选择【米】为单位（规划图中一般以"米"为绘图单位）。在【文件名和路径】下拉列表框中设置正确的文件保存位置，单击【确定】按钮完成图块文件（名为"新块.dwg"）的新建。

　　（5）双击桌面上的 Google SketchUp 8 快捷方式图标，启动 SketchUp。选择【文件】→【导入】命令，在弹出的【打开】对话框中选择步骤（4）新建的"新块.dwg"块文件。单击【选项】按钮，在弹出的【导入 AutoCAD DWG/DXF 选项】对话框的【比例】栏中的【单位】下拉列表框中选择【米】选项，单击【确定】按钮，如图 10.12 所示。

图 10.11　【写块】对话框

图 10.12　选择单位

注意：在建筑设计图中，以"毫米"为绘图单位，而在规划设计图中，由于场景过大，
一般是采用"米"为绘图单位。

（6）单击工具栏中的【缩放范围】按钮，图形会显示在屏幕中，如图 10.13 所示。

（7）选择【窗口】→【图层】命令，弹出【图层】对话框，可以发现 AutoCAD 的图
层与 SketchUp 的图层在导入前后是一一对应的，如图 10.14 所示。

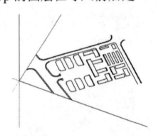

图 10.13　显示图形

图 10.14　检查图层

（8）单击工具栏中的【线】按钮，在现有封闭图形的任意一条边上重复画线可生成面，
如图 10.15 所示。

（9）单击工具栏中的【推/拉】按钮，将封闭的面向上拉出一个高度，如图 10.16 所示。
这样整个小区的建筑物的大体形态就形成了。

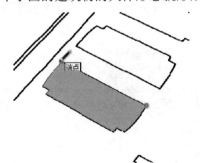

图 10.15　重复画线

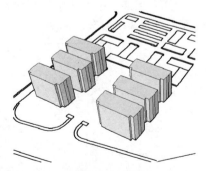

图 10.16　拉伸高度

10.2　导入天正建筑的图形

天正建筑是在 AutoCAD 平台上二次开发的专业建筑设计软件。国内的绝大多数建筑设计院都使用天正建筑绘制设计施工图。天正建筑使用了"自定义建筑专业对象",所谓"自定义建筑专业对象"是指模型对象的属性是天正建筑的,而不是 AutoCAD 的,即 AutoCAD 不能识别"自定义建筑专业对象"。可以直接绘制出具有专业含义、能反复编辑修改并带有三维信息的图形对象。

天正建筑的最新版本全面支持 AutoCAD 2002～2010,所以同样可以将使用天正建筑绘制的图形文件,特别是三维图形导入到 SketchUp 中,这样使绘图更加快捷。

10.2.1　导入天正建筑的局部构件

天正建筑可以自动生成许多专业的建筑局部构件,如门、窗、阳台、楼梯、楼板、屋顶以及老虎窗等。这些模型不仅是三维的,而且是参数化建模方式(输入尺寸可以自动生成),但这样的专业构件在 SketchUp 中制作就略显复杂。在 SketchUp 中绘图时,如果需要某些建筑构件,可以先在天正建筑中绘制,然后导入到 SketchUp 中。具体操作步骤如下:

(1)房间中有一处要设置楼梯,楼梯间及房间的尺寸如图 10.17 所示。此建筑层高 3m,楼梯采用每跑 10 级的双跑楼梯形式,休息平台宽度为 1200mm。

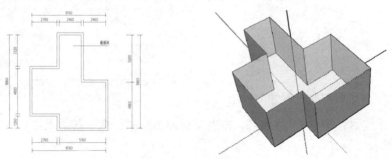

图 10.17　房间尺寸

(2)选择天正菜单中的【楼梯其他】→【双跑楼梯】命令,弹出【矩形双跑梯段】对话框,设置其中的各项参数,如图 10.18 所示。

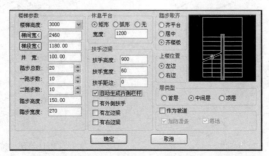

图 10.18　设置矩形双跑梯段参数

（3）在【矩形双跑梯段】对话框中设置完参数后，单击【确定】按钮，完成双跑楼梯的创建，如图 10.19 所示，左侧为楼梯的二维形式，右侧为楼梯的三维形式。

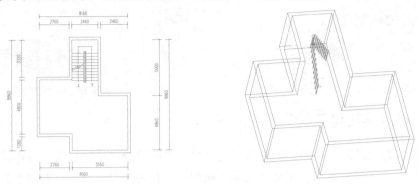

图 10.19　在天正建筑中创建楼梯

注意：天正建筑采用的是"自定义建筑专业对象"，所以要将楼梯导入 SketchUp 中，必须将这个自定义对象分解成 AutoCAD 对象。

（4）选择天正菜单【文件布图】→【分解对象】命令，再选择全部楼梯，按 Enter 键确认，此时楼梯由天正自定义对象转换成纯 AutoCAD 对象。

（5）在命令行中输入 wblock（写块）命令，弹出【写块】对话框。单击【选择对象】按钮，选择屏幕中的楼梯。在【插入单位】下拉列表框中选择【毫米】选项。在【文件名和路径】下拉列表框中设置正确的文件保存位置，单击【确定】按钮完成图块文件（名为"楼梯.dwg"）的新建，如图 10.20 所示。

（6）按照前文介绍的方法，在 SketchUp 中导入"楼梯.dwg"文件，导入的"楼梯"是一个组。然后用【移动/复制】命令将楼梯移动到楼梯间相应的位置，如图 10.21 所示。

图 10.20　【写块】对话框

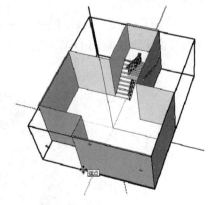

图 10.21　移动楼梯

（7）双击楼梯，进入组编辑模式，可以看到此时楼梯的正反面不统一（如图 10.22 所示），这是三维的 DWG 文件导入时出现的问题，可以使用【反转平面】和【确定平面的方向】两个命令把黄色的正面全部翻转到外部，如图 10.23 所示。

（8）在屏幕空白处单击，退出组编辑模式，完成楼梯导入，如图 10.24 所示。

图 10.22　表面不统一

图 10.23　确定平面的方向

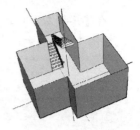
图 10.24　完成楼梯导入

10.2.2　导入天正建筑的完整建筑模型

天正建筑有三维组合功能，能将绘制的每层平面图组合自动转换成三维建筑模型，如图 10.25 所示。这样的模型在形体上是非常精确的，但是并没有材质。要赋予其材质有两种方法：一般方法就是将此模型导入到 3ds Max 中赋予材质并渲染；另一种方法就是导入 SketchUp 中赋予材质生成简单的效果图。

图 10.25　天正建筑的三维模型

具体操作步骤如下：

（1）双击桌面上的 Google SketchUp 8 快捷方式图标，启动 SketchUp。使用前文介绍的方法导入天正建筑绘制的 DWG 格式的三维组合文件，如图 10.26 所示。

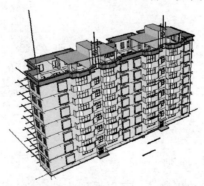
图 10.26　导入的三维组合图形文件

注意： 天正建筑在进行图形文件的三维组合时，自动将自定义对象转换成 AutoCAD 对象，所以此时不必使用【分解对象】命令。

（2）选择【视图】→【工具栏】→【图层】命令，隐藏除 Layer 0 与 WALL 外所有的图层，此时屏幕中只显示建筑物的主体结构，如图 10.27 所示。

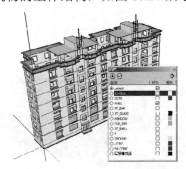

图 10.27　显示主体结构

注意：在天正建筑中，同一材质的物体被放置于同一图层，这样就可以使用【图层】命令将物体区分开，然后分别赋予材质。

（3）选择第三层及第三层以上的建筑物并右击，在弹出的快捷菜单中选择【隐藏】命令，将选中的物体隐藏，只留下建筑物的第一、二层，如图 10.28 所示。

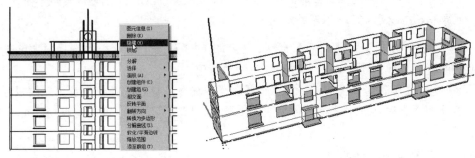

图 10.28　只显示第一、二层

（4）选择【窗口】→【材质】命令，在弹出的【材质】对话框中选择材质，如图 10.29 所示。

（5）在【材质】对话框的材质预览区双击 Ashlar Stone 材质图标，设置颜色为略偏褐，如图 10.30 所示。

图 10.29　选择材质

图 10.30　调整【墙群】材质

（6）在屏幕中三击建筑物的墙面，然后在【材质】对话框中选择设置好的【墙群】材质，再单击选中的建筑物，将其赋予该材质，如图 10.31 所示。然后将建筑的第一、二层成组，便于管理。

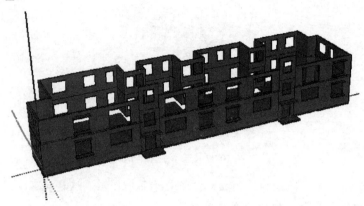

图 10.31　赋予【墙群】材质

注意：导入天正建筑的三维组合模型后，会出现大量的正反面不统一，一般来说是需要将正面统一向外。但是由于本例中只使用 SketchUp 自身的材质而不导入到 3ds Max 中，所以可以不调整正反面。

（7）选择【窗口】→【材质】命令，在弹出的【材质】对话框中选择材质，创建如图 10.32 所示的墙体材质，设置材质的颜色为暖黄色。

（8）选择【编辑】→【取消隐藏】→【全部】命令，显示出第三层及第三层以上的建筑物。在【材质】对话框中选择墙体材质，赋予第三层及第三层以上的建筑物，如图 10.33 所示。

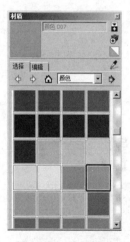

图 10.32　选择材质

图 10.33　赋予材质

（9）在【图层】对话框中隐藏除 Layer 0 和 BALCONY（阳台）外的其他所有图层。此时屏幕中只显示阳台，如图 10.34 所示。

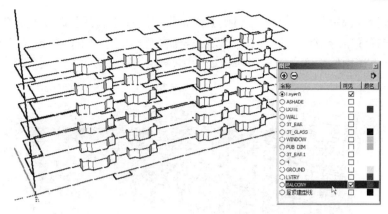

图 10.34　显示阳台

（10）选择全部阳台，然后在【材质】对话框中选择【墙群】材质，再单击选中的阳台，赋予其材质，如图 10.35 所示。

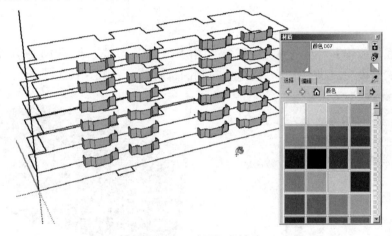

图 10.35　赋予阳台材质

（11）在【图层】对话框中隐藏除 Layer 0、3T_GLASS 与 WINDOW 外其他的所有图层，此时屏幕中只显示窗与玻璃，如图 10.36 所示。

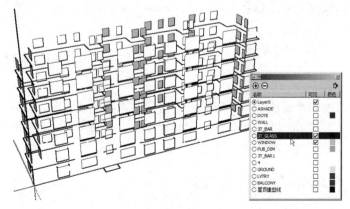

图 10.36　显示窗与玻璃

（12）选择全部物体，然后在【材质】对话框中选择【选择】选项卡，在材质类别下拉列表框中选择【半透明材质】选项，然后在材质预览区选择 Blue Glass（蓝色透明玻璃）材质，最后单击选中的物体以赋予材质，如图 10.37 所示。

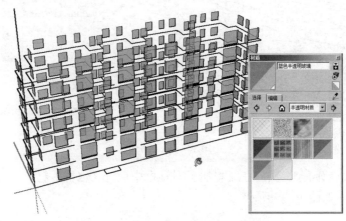

图 10.37　赋予玻璃材质

（13）在【图层】对话框中让所需要的图层处于显示状态，如图 10.38 所示。

（14）调整模型的观察角度，完成建筑物的材质赋予，如图 10.39 所示。

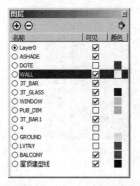

图 10.38　显示所有图层

图 10.39　完成图形

注意：读者可以按照前文介绍的方法给建筑物加上环境，如天空、背景、日照与阴影等。

10.3　利用使用 AutoCAD 绘制的立面图建模

建筑师会用立面图来表达建筑外形，一般情况下需要正立面图、背立面图、左立面图和右立面图 4 个立面图。如果将这 4 个立面图导入到 SketchUp 中，并且摆放到正确的对齐位置上，就可以直接利用立面图进行建模。

10.3.1　调整 AutoCAD 的图形文件

本例通过介绍一幢二层混合结构别墅的建模，来说明如何在 SketchUp 中直接利用 4 个立面图进行操作。如图 10.40 所示，图纸中有平面图、正立面图、背立面图、左立面图和右立面图共 5 幅图。

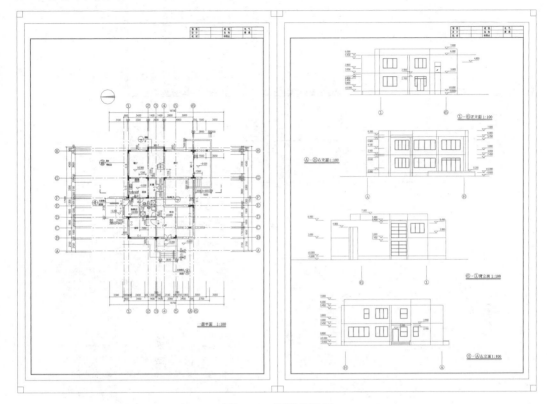

图 10.40　别墅设计图

从图 10.40 中可以看到图纸中含有尺寸标注、文本说明和填充图案等 SketchUp 无法导入的图形元素，所以要对此 AutoCAD 的图形文件进行精简，并对图形文件分类分层管理。具体操作步骤如下：

（1）在 AutoCAD 的命令行中输入 layer（图层）命令，按 Enter 键后弹出【图层特性管理器】对话框。新建【正立面】、【背立面】、【左立面】、【右立面】和【平面图】5个图层，并分别使用蓝色、青色、绿色、黄色和红色表示图层颜色以示区别，再单击【应用】按钮，如图 10.41 所示。

（2）将平面图、正立面图、背立面图、左立面图和右立面图分别放置到建立的相应图层中。在【图层特性管理器】对话框中保留【正立面】、【背立面】、【左立面】、【右立面】和【平面图】5 个图层，将其他图层隐藏起来，单击【确定】按钮，完成图层显示设置操作，此时屏幕中只留下需要的图形，如图 10.42 所示。

（3）在命令行中输入 wblock（写块）命令，弹出【写块】对话框。单击【选择对象】按钮，选择屏幕中的所有图形对象。在【插入单位】下拉列表框中选择【毫米】选项。在【文件名和路径】下拉列表框中设置正确的文件保存位置，单击【确定】按钮完成图块文件（名为"立面图.dwg"）的新建，如图 10.43 所示。

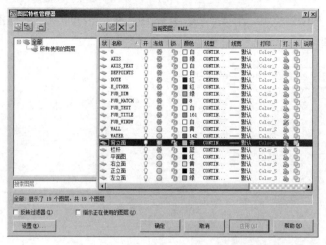

图 10.41 【图层特性管理器】对话框

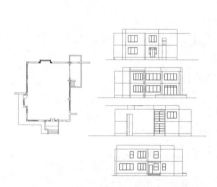

图 10.42 设置图层显示后的图形

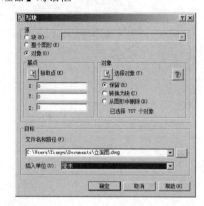

图 10.43 新建"立面图.dwg"文件

10.3.2 将 AutoCAD 的立面图导入 SketchUp 中

将 AutoCAD 的立面图导入 SketchUp 中的方法与前面的导入方法略有不同，主要是将这 4 个立面图要"立"起来形成 4 个面。具体操作步骤如下：

（1）双击桌面上的 Google SketchUp 8 快捷方式图标，启动 SketchUp。选择【文件】→【导入】命令，在弹出的【打开】对话框中选择前面新建的"立面图.dwg"文件。单击【选项】按钮，在弹出的【导入 AutoCAD DWG/DXF 选项】对话框中取消选中【合并共面平面】与【平面方向一致】复选框，单击【确定】按钮完成选项操作，如图 10.44 所示。

（2）选择【窗口】→【样式】命令，在弹出的【样式】对话框中取消选中【轮廓】复选框，如图 10.45 所示。这样图形就用细线表示，便于移动对齐。

（3）单击工具栏中的【缩放范围】按钮 ，所有图形会显示在屏幕中，如图 10.46 所示。分别对【正立面】、【背立面】、【左立面】、【右立面】和【平面图】这 5 个图形对象成组，便于操作。

（4）在【图层】对话框中，将【平面图】图层设为当前图层，隐藏【右立面】、【左立面】与【背立面】图层，此时屏幕中只显示正立面与平面图，如图 10.47 所示。

图 10.44 导入选项设置

图 10.45 取消选中【轮廓】复选框

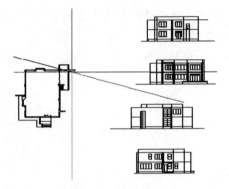

图 10.46 显示所有图形

图 10.47 图层设置

（5）使用【移动/复制】工具将正立面移动到平面图中相应的位置，注意对齐点一致，如图 10.48 所示。使用【旋转】工具将正立面旋转 90°，如图 10.49 所示。这样，正立面就"立"起来了。

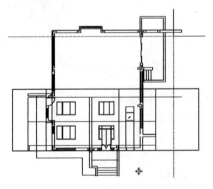

图 10.48 移动正立面

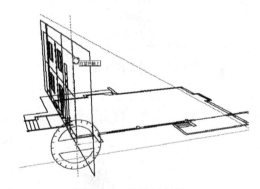

图 10.49 旋转正立面

（6）选择【窗口】→【图层】命令，将【平面图】图层设为当前图层，隐藏【右立面】、【左立面】与【正立面】图层，如图 10.50 所示。此时屏幕中只显示背立面与平面图。

（7）使用【移动/复制】工具将背立面移动到平面图中相应的位置，注意对齐点，如图 10.51 所示。由于建筑立面制图是采用水平投影，所以背立面正好是"反向"，必须要镜像处理。

图 10.50　调整图层

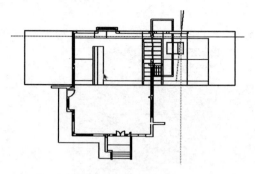

图 10.51　移动背立面

（8）选择背立面并右击，在弹出的快捷菜单中选择【翻转方向】→【组为红色】命令，将背立面翻转，并移动对齐平面图，如图 10.52 所示。

（9）使用【旋转】工具将背立面旋转 90°。这样，背立面就"立"起来了，如图 10.53 所示。

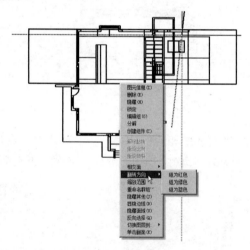

图 10.52　翻转背立面

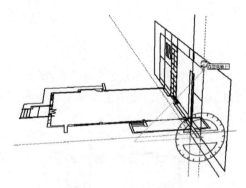

图 10.53　旋转背立面

（10）使用同样的方法操作左立面与右立面，完成后在【图层】对话框中显示所有的图层，此时屏幕中的建筑物立面框架已经形成，如图 10.54 所示。

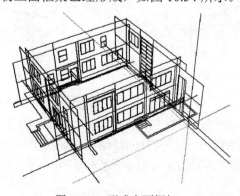

图 10.54　形成立面框架

10.3.3　利用立面图建模

虽然完成了立面框架，但是并没有形成面。说明图形中存在断线和重线，必须进行补线、调整面的操作，才能使立面封闭（有了封闭的面才能进行推、拉建模操作）。具体操作步骤如下：

（1）转动视图，将正立面移动到屏幕居中处。分解正立面，便于画线。使用【线】工具沿着已有的边界线进行补线操作，如图 10.55 所示。此时立面图会出现一些重面、反面和破面的情况，需一一进行调整，调整后形成一个统一的面，如图 10.56 所示。

图 10.55　补线操作

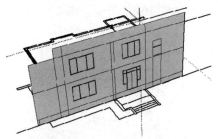

图 10.56　调整面操作

（2）对面进行检查，可以发现面的分割还有问题，如图 10.57 所示。在窗户周围的边界线上继续补线，形成一个完整的面，如图 10.58 所示。

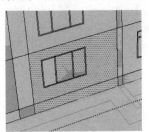

图 10.57　检查面的分割情况

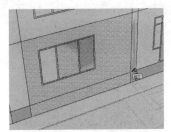

图 10.58　补线操作

（3）使用【线】工具对窗户的边界线补线，让窗户形成一个单独的面，如图 10.59 所示。

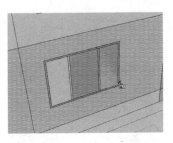

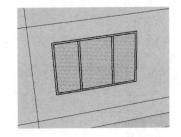

图 10.59　形成窗户所在的面

（4）使用【线】工具对窗框的分割线补线，将 3 扇玻璃窗分割，如图 10.60 所示。

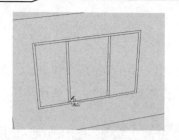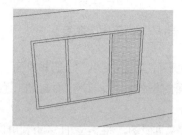

图 10.60　对窗框补线

（5）转动视图到背面，以便于操作。使用【推/拉】工具将窗框所在的面向外拉出 100mm，如图 10.61 所示。将 3 扇玻璃窗分别向外拉出 150mm，如图 10.62 所示。

图 10.61　拉出窗框　　　　　　　　　　图 10.62　拉出玻璃窗

（6）转动视图到正面，可以看到窗已经基本形成，如图 10.63 所示。选择已经建立好的窗的模型并右击，在弹出的快捷菜单中选择【创建组】命令，如图 10.64 所示。

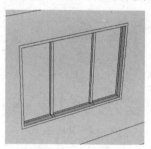

图 10.63　正面观察窗　　　　　　　　　图 10.64　创建窗的组

（7）选择已经完成的窗户，单击工具栏中的【移动/复制】按钮，并按住 Ctrl 键不放，将窗复制到另一侧，由于窗宽不一致，使用【缩放】工具对宽度进行调整，如图 10.65 所示。如图 10.66 所示为正立面上窗户完成的效果。

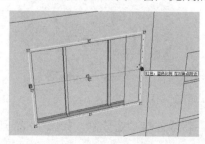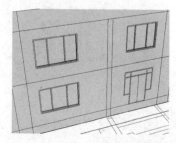

图 10.65　调整宽度　　　　　　　　　　图 10.66　完成 3 个窗户的模型

（8）使用【推/拉】工具将墙外的柱子向外拉出 300mm，如图 10.67 所示。

（9）将平面图分解，使用【线】工具在平面图上进行补线操作，完成台阶底面封面，如图 10.68 所示。

图 10.67　拉出柱子

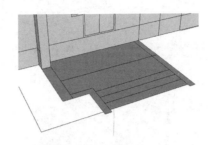

图 10.68　台阶底面补线操作

（10）使用【推/拉】工具，将如图 10.69 所示的台阶面向上拉伸 300mm，与正立面对齐。

（11）使用【推/拉】工具，将台阶的挡土墙向上拉伸 300mm，使之凸出，如图 10.70 所示。

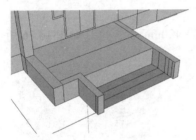

图 10.69　拉伸台阶面

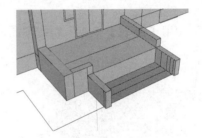

图 10.70　拉伸挡土墙

（12）使用【推/拉】工具，对每一级踏步向上拉伸，如图 10.71 所示。

（13）按照同样的方法完成右立面的绘制，如图 10.72 所示。

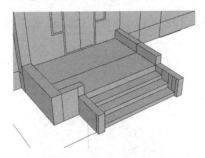

图 10.71　拉伸踏步

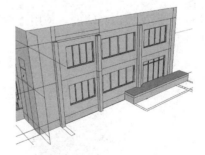

图 10.72　绘制右立面

（14）转动视图，检查正立面与右立面的图形，如图 10.73 所示。

（15）使用【矩形】工具绘制平屋顶，如图 10.74 所示。

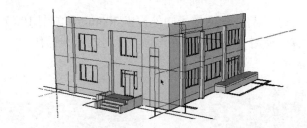

图 10.73　检查正立面与右立面

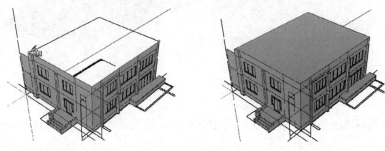

图 10.74　绘制平屋顶

（16）选择屋顶的面，使用【偏移/复制】工具向外侧偏移 500mm 作为檐长，如图 10.75 所示。

（17）使用【推/拉】工具，将屋顶向上拉出 400mm 的厚度，如图 10.76 所示。

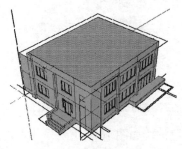
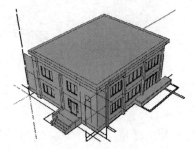

图 10.75　偏移出檐长　　　　　　　　　　　图 10.76　拉出屋顶的厚度

（18）选择屋顶内侧的面，使用【偏移/复制】工具向内侧偏移 500mm 作为女儿墙，如图 10.77 所示。

（19）选择女儿墙所在的面，使用【推/拉】工具向上拉出 1200mm（女儿墙的高度），如图 10.78 所示。

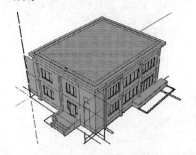
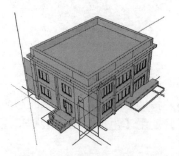

图 10.77　偏移女儿墙　　　　　　　　　　　图 10.78　拉出女儿墙的高度

（20）调整模型的观察角度，完成建筑的两个立面与一个顶面的绘制，如图 10.79 所示。

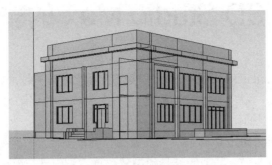

图 10.79 完成建筑模型的建立

注意：步骤中没有绘制背立面与左立面，这是因为在这个方向上观察不到，遵循绘制效果图"看得到才绘制"的原则，这两个立面可以不建模。如果需要创建建筑动画，那么所有的立面必须建模。建立完整模型还是局部视角模型，应依照具体情况而定。

第 11 章　3D Studio Max 的输入与输出

在实际应用中，SketchUp 用于室内场景建模的功能得到了越来越多的设计师的认可。由于此软件的易操作性，很多室内设计公司都使用 SketchUp 建立模型，然后将其输出到 3ds Max 软件中进行模型细化和渲染成图。

在室内设计中，SketchUp 能够解决大多数的基础模型问题。所谓基础模型就是室内模型的外墙、背景墙和吊顶等。其他的家具模型建议读者通过 3ds Max 解决。

同时，有些在 SketchUp 中难以建立的形体复杂的模型，尤其是异形物体，也可以先在 3ds Max 中进行绘制，然后再导入到 SketchUp 中。本章将通过几个实例为读者做详细的讲解。

11.1　在 SketchUp 中建立室内模型并输出到 3ds Max 中

首先观察使用 AutoCAD 绘制的室内模型平面布置图，如图 11.1 所示。在具体的案例设计中，读者应根据客户的具体要求，来选择需要表现的部分，在确定了绘图方向后，再来对图纸进行优化。在本案例中将要进行客厅和餐厅的效果图绘制。

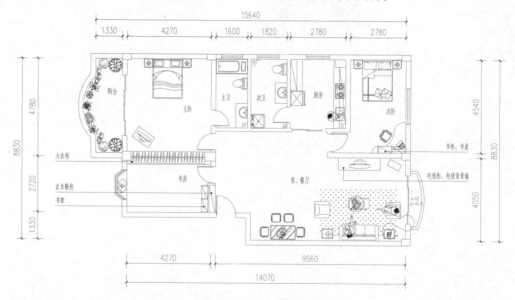

图 11.1　平面布置图

11.1.1　优化 AutoCAD 文件

通过观察图 11.1，对房型方案有了一个基本的了解。针对本例中建立客厅和餐厅空间的模型，应删除一些不需要的细节（如家具、文字标识、填充、尺寸标注和外墙线），绘制如图 11.2 所示的草图。这样就可以方便地在 SketchUp 中使用【线】工具绘制客厅的底面图。

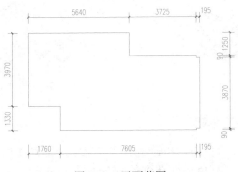

图 11.2　平面草图

注意：可以直接在纸上绘制草图，然后使用 SketchUp 建模时参照草图即可。读者也可以在 AutoCAD 中直接绘制这样的图纸，然后导入 SketchUp 中推拉建模，这种方法适用于平面图形较复杂的案例。此例中客厅的平面尺寸很简单，建议读者直接在 SketchUp 中绘制平面草图。

11.1.2　在 SketchUp 中创建墙体

在 SketchUp 中创建室内模型墙体的操作不仅简单，而且将模型导入到 3ds Max 后非常精简，这是目前绘制室内效果图的常用方法之一。具体操作步骤如下：

（1）双击桌面上的 Google SketchUp 8 快捷方式图标，启动 SketchUp。选择【窗口】→【模型信息】命令，在弹出的【模型信息】对话框中选择【单位】选项卡，设置如图 11.3 所示的参数。

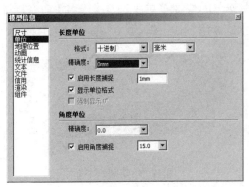

图 11.3　【模型信息】对话框

（2）按照如图 11.2 所示的尺寸，在 SketchUp 中使用【线】工具绘制客厅的底图，如图 11.4 所示。

（3）使用【推/拉】工具将客厅的底面向上拉伸 2850mm（房间的净高），如图 11.5 所示。

🔔**注意**: 这里客厅图形比较简单,所以可以直接在 SketchUp 中绘制平面图。如果图形较复杂,则应先在 AutoCAD 中绘制好底面,然后再导入到 SketchUp 中。

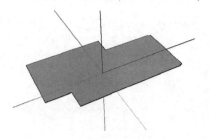
图 11.4 绘制客厅的底面

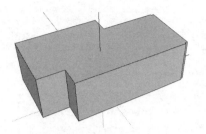
图 11.5 拉伸出高度

(4)右击模型的任意一个面,在弹出的快捷菜单中选择【反转平面】命令,此时这个面的黄色正面翻转到内侧,蓝色反面转到外侧,如图 11.6 所示。

(5)再次右击这个面,在弹出的快捷菜单中选择【确定平面的方向】命令,此时模型所有黄色的正面翻转到内侧,蓝色的反面翻转到外侧,如图 11.7 所示。

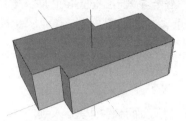
图 11.6 反转平面

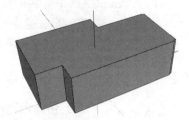
图 11.7 确定平面的方向

🔔**注意**: 由于绘制的是室内效果图,所以必须把黄色的正面统一向内侧,而蓝色的反面统一向外侧,这一步操作一定不能错。

(6)右击一个面,在弹出的快捷菜单中选择【隐藏】命令,将此面隐藏起来便于作图,然后调整观测视角,如图 11.8 所示。

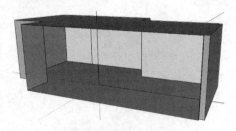
图 11.8 隐藏一个面

11.1.3 创建门窗

绘制门窗的方法很简单,先定出门窗的轮廓线,然后使用【推/拉】工具推出门窗的厚度。在相机视野范围之内的门窗应增加细节(如门窗分格、门窗套等),其他的门窗不绘制以减少模型的面数。具体操作步骤如下:

（1）使用【卷尺】工具，对第一个门的位置进行精确的定位，门高为 2000mm，如图 11.9 所示。同时将门套用辅助线进行精确定位，如图 11.10 所示。

图 11.9　定位门的位置

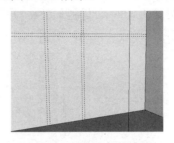

图 11.10　将门套用辅助线

🔔注意：在使用辅助线时，选择辅助线的顶点颜色很重要，绿色的点代表当前点被捕捉，黑色的点代表与辅助线相交或捕捉到辅助线交点。一定要画全辅助线并注意 SketchUp 弹出的提示字样（如"在边线上"），否则辅助线可能会偏移到临近面上，直接影响 SketchUp 模型的精确程度。

（2）使用【矩形】工具，勾画第一个门的厚度为 120mm，门套宽度为 60mm，并挤出厚度 20mm，如图 11.11 所示。

🔔注意：场景内的门窗应按照预先设想的相机位置尽量全部制作完整。如出现需要多个视角的情况时，尽量将门窗制作完整，这样就可以在不修改模型的情况下直接添加相机。

（3）使用【卷尺】工具勾画第二个门的形状，其厚度与宽度和第一个门相同，如图 11.12 所示。

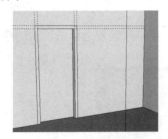

图 11.11　勾画第一个门

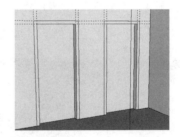

图 11.12　勾画第二个门

（4）使用【卷尺】工具将厨房门和门套进行精确定位，如图 11.13 和图 11.14 所示。

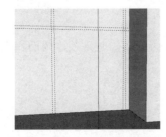

图 11.13　将厨房门以辅助线标识

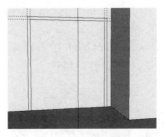

图 11.14　将门套勾画并挤出

（5）接着使用【线】工具勾画厨房推拉门。在此读者可以利用 SketchUp 中的自动中点捕捉功能轻松完成两扇门的创建，如图 11.15 所示。

（6）使用【偏移/复制】工具勾画门扇的轮廓，偏移值为 200mm，并使用【推/拉】工具挤出门扇的厚度 40mm，如图 11.16 所示。

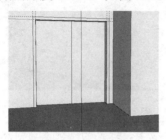

图 11.15 创建门扇

图 11.16 勾画门扇并挤出

注意：门扇在挤出时要注意推拉门是前后错开的两扇门，一扇将门框向前挤出，另一扇将玻璃向后挤出，这样就可以在不破面的情况下创建两扇门。

（7）使用【卷尺】工具勾画第四个门和门套并挤出厚度，如图 11.17 和图 11.18 所示。

图 11.17 勾画第四个门及门套

图 11.18 挤出第 4 个门及门套

整个房间的模型已经有了雏形，如图 11.19 所示。接下来就要进行吊顶的创建。

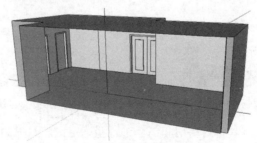

图 11.19 墙体与门窗的主体结构

注意：在观察 AutoCAD 顶面详图时应注意图纸上的标高，避免创建顶面模型时出现违背设计者意图的错误。

11.1.4　创建天花吊顶

天花吊顶是室内效果图设计空间表达的重要一环。天花板表面高度的起伏、灯光照射后投影的效果，都可以给人强烈的立体感。下面根据 AutoCAD 图纸中吊顶图的详细尺寸，来创建客厅的天花吊顶，如图 11.20 所示。

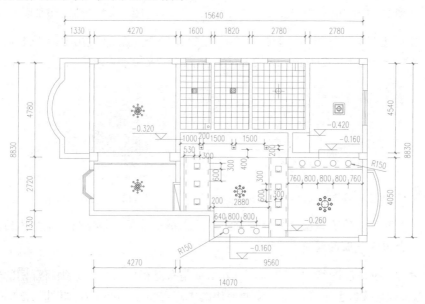

图 11.20　AutoCAD 吊顶图尺寸

具体操作步骤如下：

（1）在 SketchUp 中，右击已经建好模型的地面及墙面，在弹出的快捷菜单中选择【隐藏】命令。这时只留下了顶面，如图 11.21 和图 11.22 所示。

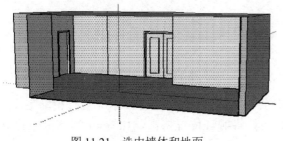

图 11.21　选中墙体和地面

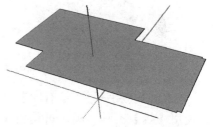

图 11.22　隐藏所选面

（2）根据 AutoCAD 图纸中的天花图纸，首先定位大门口的吊顶，其标高为 260mm，如图 11.23 所示。

（3）使用辅助线定位高度为 320mm 的过道吊顶的位置，如图 11.24 所示。

注意：这里的两个吊顶是一起定位，因为这两个吊顶是连接状态，所以两个吊顶应同时考虑，以避免多出不必要的面。

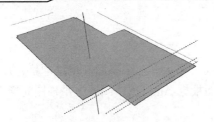

图 11.23　定位大门口的吊顶

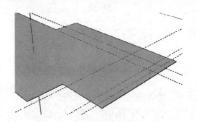

图 11.24　定位过道吊顶

（4）使用【线】工具将吊顶勾画出来，如图 11.25 所示，并使用【推/拉】工具将两个吊顶的主体部分分别挤出 260mm 和 320mm，如图 11.26 所示。

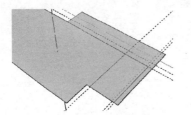

图 11.25　勾画大门和过道吊顶

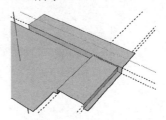

图 11.26　将顶面挤出

注意：这里虽然隐藏了模型的其他部分，但是在挤出吊顶时模型仍然是整体的，不必担心会出现破面的情况。

（5）在 AutoCAD 图纸中观察到大门处吊顶是有灯槽的，所以必须将灯槽的位置留出来。可以直接使用【线】工具，连接模型两边的中点并挤出 100mm，如图 11.27 和图 11.28 所示。

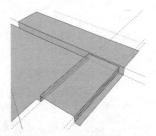

图 11.27　连接两边的中点

图 11.28　挤出灯槽

（6）在大门吊顶上还有向上的射灯的位置，可以使用【卷尺】工具来进行精确定位，并使用【线】工具勾画，再使用【推/拉】工具将射灯位置挤出，如图 11.29 和图 11.30 所示。

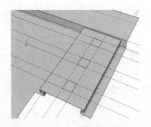

图 11.29　勾画大门吊顶结构

图 11.30　挤出吊顶结构

（7）同样，在过道部分有相同的结构，并用同样的方法创建吊顶，如图 11.31 和图 11.32 所示。

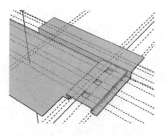

图 11.31　勾画过道吊顶结构

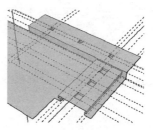

图 11.32　挤出过道吊顶结构

（8）使用【卷尺】工具和【线】工具勾画餐厅过道吊顶并挤出，如图 11.33 和图 11.34 所示。

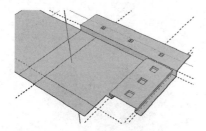

图 11.33　勾画餐厅过道吊顶结构

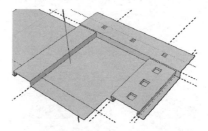

图 11.34　挤出餐厅过道吊顶结构

（9）使用【卷尺】工具和【线】工具勾画餐厅过道和进门过道之间的吊顶并挤出，如图 11.35 和图 11.36 所示。

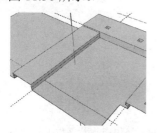

图 11.35　勾画餐厅吊顶结构

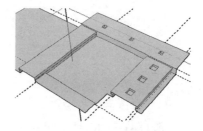

图 11.36　挤出餐厅吊顶结构

（10）这里的吊顶同样有灯槽，直接使用【卷尺】工具和【线】工具勾画其结构，使用【推/拉】工具挤出灯槽位置，如图 11.37 和图 11.38 所示。

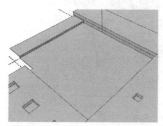

图 11.37　勾画餐厅过道吊顶灯槽

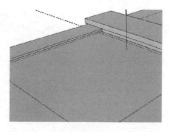

图 11.38　挤出餐厅过道吊顶灯槽

（11）创建吊顶上的射灯位置，餐厅吊顶的射灯位置为圆孔，这里需要定位圆心，同时将餐厅过道吊顶的射灯位置定出，如图 11.39 和图 11.40 所示。

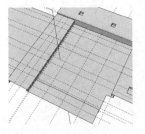

图 11.39　勾画吊顶射灯结构

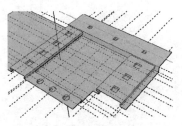

图 11.40　挤出吊顶射灯结构

（12）创建电视背景墙吊顶，先使用辅助线定位电视背景墙吊顶，再使用【线】工具挤出灯槽，如图 11.41 和图 11.42 所示。

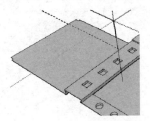

图 11.41　定位主体

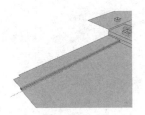

图 11.42　挤出电视背景墙吊顶和灯槽

（13）使用辅助线定位电视背景墙吊顶射灯位置并挤出，结构如图 11.43 和图 11.44 所示。

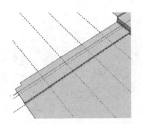

图 11.43　定位射灯位置

图 11.44　挤出电视背景墙射灯位置

至此，整个客厅的顶面创建完成，再将所有隐藏面全部显示，结果如图 11.45 所示。

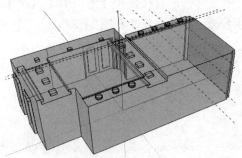

图 11.45　吊顶全图

注意：本节主要创建了吊顶。步骤不是十分困难，主要要求读者在作图过程中细致，每一步都要精确，否则会给后面的工作带来很大的麻烦。

11.1.5　在 SketchUp 中创建电视背景墙

在现代室内设计手法中，电视背景墙的设计是重中之重。进入客厅后，电视背景墙是视线的主要集中点，也是室内设计档次的重要体现。所以，在效果图绘制过程中，要将主要的精力放在电视背景墙上。电视背景墙创建的步骤如下：

（1）首先观察 AutoCAD 图纸，注意图纸的尺寸和功能结构，如图 11.46 所示。

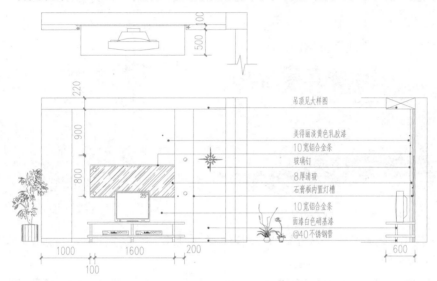

图 11.46　电视背景墙 AutoCAD 图纸

（2）将模型的背景墙的正面和侧面隐藏，便于观察和创建，如图 11.47 所示。

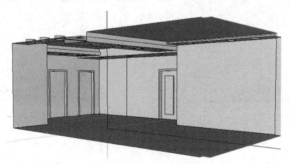

图 11.47　隐藏面便于观察

（3）根据 AutoCAD 图纸的尺寸，使用【卷尺】工具进行定位电视背景墙的位置，如图 11.48 所示。

（4）使用【线】工具将背景墙进行划分，再使用【推/拉】工具将电视背景墙主体挤出一个厚度，如图 11.49 所示。

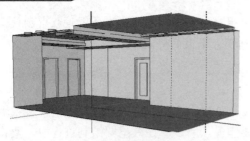
图 11.48 精确定位背景墙主体

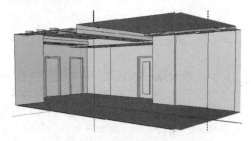
图 11.49 挤出背景墙主体

注意：这里已经将背景墙旁的一小块部分与背景墙拉平，以保证整个背景墙的一致性。

（5）使用【线】工具连接背景墙内侧面的中点，勾画背景墙的灯槽，并使用【推/拉】工具将其挤出，如图 11.50 和图 11.51 所示。

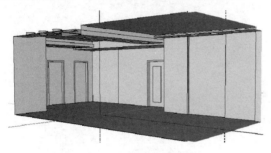
图 11.50 勾画背景墙灯槽

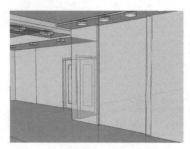
图 11.51 挤出灯槽

（6）使用【线】工具勾画背景墙上的玻璃，再使用【推/拉】工具将其挤出，如图 11.52 和图 11.53 所示。

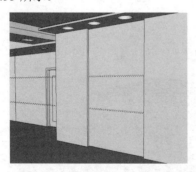
图 11.52 勾画背景墙上的玻璃

图 11.53 挤出背景墙玻璃

注意：在这一步由于先挤出了背景墙灯槽，使用【卷尺】工具不是很方便，所以将模型转了过去，在模型的后面进行勾画。虽然是室内模型的建立，但是可以在室外进行操作。

（7）在背景墙主体上进一步增加细节，制作勾缝，如图 11.54 所示，并使用【线】工具将其结构勾画出来，如图 11.55 所示。

图 11.54　制作背景墙勾缝

图 11.55　使用【线】工具勾画背景墙结构

（8）最后使用【推/拉】工具将背景墙上的勾缝挤出 20mm 的厚度，如图 11.56 所示。

图 11.56　挤出背景墙上的勾缝

注意：这一步应将右侧多余的线删除，否则在使用【线】工具勾画时会出现线不在面上的情况。挤出细小结构时要将图纸放大，否则不容易选中面。

（9）选择【编辑】→【取消隐藏】→【全部】命令，将所有的面显示出来，并以【X 光模式】观察已经完成的整个模型，如图 11.57 所示。

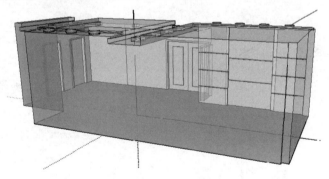

图 11.57　完成后的模型

至此，SketchUp 中的基本模型建立完成。在这里要提醒读者的是，SketchUp 建模需要有比较强的空间想象力并对结构理解透彻。在初级阶段要加强练习，熟练后才能得心应手地应用；在练习中要循序渐进，不要过于急躁，以免出现一些细小的错误，影响后续操作。

11.1.6　在 SketchUp 中赋予材质

在 SketchUp 中要进行简单的材质赋予，可以在 3ds Max 中很方便地将面选出并调整材质的贴图坐标。具体操作步骤如下：

（1）选择【编辑】→【删除导向器】命令，删除 SketchUp 模型中的辅助线，如图 11.58 所示。

（2）在 SketchUp 模型中选中墙面，按住 Ctrl 键不放，同时选择墙面、顶面和背景墙主体，如图 11.59 所示。

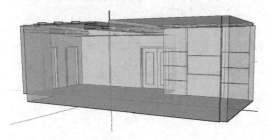

图 11.58　删除辅助线后的模型

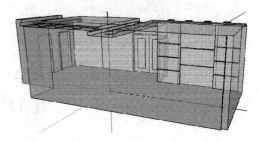

图 11.59　选中需要赋予材质的面

注意：在选择面时要仔细，不要选中不需要的面。

（3）在 SketchUp 中选择【窗口】→【材质】命令，在弹出的【材质】对话框中的下拉列表框中，选择【在模型中】选项，如图 11.60 所示。

（4）单击【材质】对话框中的【创建】按钮 ，弹出【创建材质】对话框，如图 11.61 所示。

图 11.60　【材质】对话框

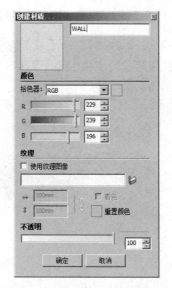

图 11.61　【创建材质】对话框

注意：SketchUp 中赋予材质的名称不允许出现中文，一定要为英文、拼音或阿拉伯数字，否则在转入 3ds Max 时会出现名称乱码而无法选择的现象。

（5）单击【油漆桶】按钮 ，然后单击所选面，将新创建的材质赋予墙面，如图 11.62 所示。

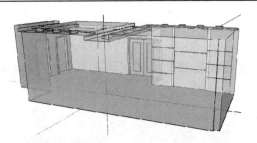

图 11.62　将墙面赋予材质

（6）再次单击【材质】对话框中的【创建】按钮，弹出【创建材质】对话框，创建玻璃材质，如图 11.63 所示。

（7）单击【油漆桶】按钮，然后单击所选面，将新创建的材质赋予玻璃，如图 11.64 所示。

图 11.63　在【材质】对话框中创建玻璃材质　　　　图 11.64　赋予玻璃材质

（8）单击【材质】对话框中的【创建】按钮，弹出【创建材质】对话框，创建门材质，如图 11.65 所示。

（9）单击【油漆桶】按钮，然后单击所选面，将新创建的材质赋予门，如图 11.66 所示。

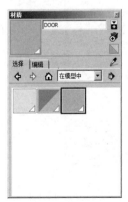

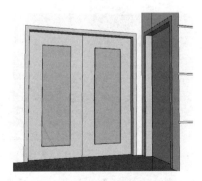

图 11.65　在【材质】对话框中创建门材质　　　　图 11.66　赋予门材质

（10）单击【材质】对话框中的【创建】按钮 ，弹出【创建材质】对话框，创建地面材质，如图 11.67 所示。

（11）单击【油漆桶】按钮 ，然后单击所选面，将新创建的材质赋予地面，如图 11.68 所示。

图 11.67　在【材质】对话框中创建地面材质

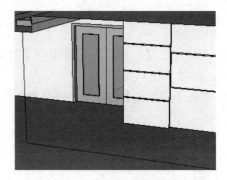

图 11.68　赋予地面材质

至此，SketchUp 中的工作基本完成。总体来说，本节建立的模型以及材质的赋予并不是很复杂，但是需要读者多加练习，以提高实际应用中的建模速度。

11.1.7　在 SketchUp 中导出 3DS 文件

使用 SketchUp 建立室内外建筑的外墙模型很方便，并且精确程度也很高，但是内部的家具以及细部模型的建立和导入相对比较困难，所以这里选择将 SketchUp 模型导出为 3DS 文件，然后转入 3ds Max，简化建立模型的步骤。具体操作步骤如下：

（1）选择【文件】→【导出】→【三维模型】命令，在弹出的【输出模型】对话框中设置文件保存的路径与文件名，如图 11.69 所示。

图 11.69　设置保存路径与文件名

（2）单击【输出模型】对话框中的【选项】按钮，弹出【3DS 导出选项】对话框，如图 11.70 所示，进行导出设置。

注意：在导出设置中注意比例单位的设置，这里设置为毫米，不在页面中生成相机，最后要将所有的隐藏面显示出来，以保证模型的完整性，如图 11.71 所示。

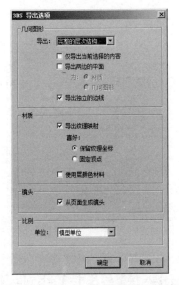

图 11.70　【3DS 导出选项】对话框

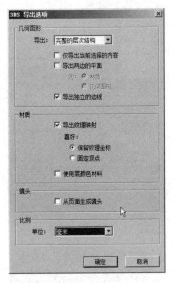

图 11.71　导出设置

（3）这时 SketchUp 弹出【3DS 导出结果】对话框，显示导出的模型的结果，如图 11.72 所示，在所保存的路径上得到一个名为"客厅.3DS"的文件。

图 11.72　导出结果列表

本节步骤比较简单，但读者一定要注意导出的尺寸单位的设置，否则在进入 3ds Max 后将产生模型放大的情况。

11.1.8　在 3ds Max 中进行基本设置

在进入 3ds Max 时，一定要设置尺寸单位后才可以创建模型。

（1）打开 3ds Max，首先设置尺寸单位。选择【自定义】→【单位设置】命令，在弹出的【单位设置】对话框中选中【公制】单选按钮，设置公制单位为"毫米"并选中【通用单位】单选按钮，如图 11.73 所示。

（2）单击【单位设置】对话框中的【系统单位设置】按钮，弹出【系统单位设置】对话框，在【系统单位比例】栏中设置毫米为单位，其他的选项为默认值，如图 11.74 所示。

图 11.73 【单位设置】对话框

图 11.74 【系统单位设置】对话框

🔔注意：不论用什么软件建立模型，在导入 3ds Max 之前都必须进行单位的设置。这里并
　　　不是让读者全部将单位设置为毫米，而是将导入模型的尺寸与 3ds Max 的当前场
　　　景单位进行统一。这样将避免模型在导入时尺寸出现偏差。

（3）右击窗口中的 捕捉开关，进行捕捉点的设置，在弹出的【栅格和捕捉设置】对
话框中将捕捉设置为顶点捕捉模式，如图 11.75 所示。

（4）选择【选项】选项卡，将【角度】设置为 90°，同时选中【捕捉到冻结对象】
和【使用轴约束】复选框，如图 11.76 所示。

图 11.75 【栅格和捕捉设置】对话框

图 11.76 设置【选项】选项卡

🔔注意：还可以将【捕捉预览半径】和【捕捉半径】的数值减小，避免捕捉不当和捕捉错
　　　点。这里将捕捉模式设置为 2.5 维捕捉，单击 图标即可。

11.1.9　在 3ds Max 中导入 3DS 文件

设置完尺寸后，便可以开始导入 3DS 文件。具体操作步骤如下：

（1）选择【导入】命令，在弹出的【选择要导入的文件】对话框中选择导入路径上的
文件，并设置【文件类型】为"3D Studio 网格（*.3DS，*.PRJ）"格式，如图 11.77 所示。

（2）单击【打开】按钮后，弹出【3DS 导入】对话框，如图 11.78 所示，单击【确定】按钮完成场景导入。

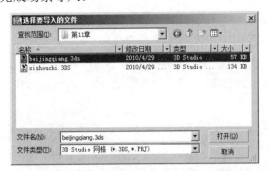

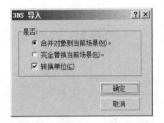

图 11.77　【选择要导入的文件】对话框　　　　　图 11.78　【3DS 导入】对话框

（3）在 3ds Max 中将 3DS 文件导入当前场景中，如图 11.79 所示，导入场景的是单面的模型。

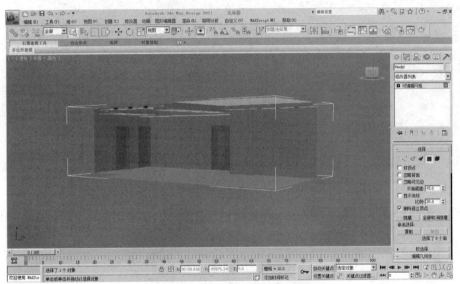

图 11.79　导入 3ds Max 的模型

☐注意：导入 3DS 文件后最好在 3ds Max 中检验一下该文件大小。方法有两种：一是在顶视图以点捕捉的方式沿模型勾画一个矩形框，根据矩形尺寸来判断模型大小；二是选择【工具】→【测量距离】命令，选择一段直线进行测量。

11.2　将使用 3ds Max 绘制的模型输出到 SketchUp 中

由于 SketchUp 不擅于建立曲面模型，尤其是异形物体，有时需要我们在 3ds Max 中进行建模，再将建立的模型导入到 SketchUp 中直接使用。

11.2.1　在 3ds Max 中导出 3DS 文件

在 3ds Max 中，整理模型是一项很重要的工作。一个场景所包含的多边形和顶点数数量对计算机的处理速度有决定性的影响，多边形和顶点数的数量越多，导出的 3DS 文件越大，导入到 SketchUp 后的计算机的处理速度也越慢。具体操作步骤如下：

（1）打开模型，单击视图最大化显示图标，使所有视图最大化显示，如图 11.80 所示。

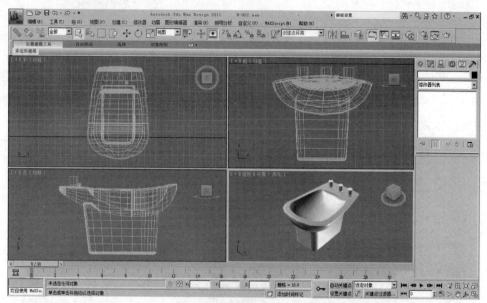

图 11.80　打开模型

（2）选择菜单中的【自定义】→【单位设置】命令，在弹出的【单位设置】对话框中设置单位为毫米，如图 11.81 所示。

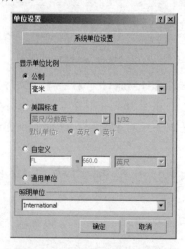

图 11.81　【单位设置】对话框

（3）按住 Ctrl 键不放，选择同材质的物体，单击 按钮，选择【塌陷】→【塌陷选定对象】命令，如图 11.82 所示。

（4）选中全部物体，单击 按钮，选择【重置变换】→【重置选定内容】命令，如图 11.83 所示。

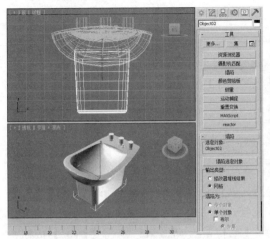

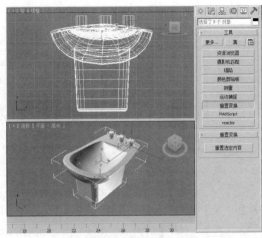

图 11.82　执行【塌陷】命令　　　　　　　　图 11.83　执行【重置变换】命令

（5）单击【修改】按钮 ，在打开的【修改器列表】中选择【优化】选项，在下面的【参数】栏中调整面阈值，输入 1，如图 11.84 所示。

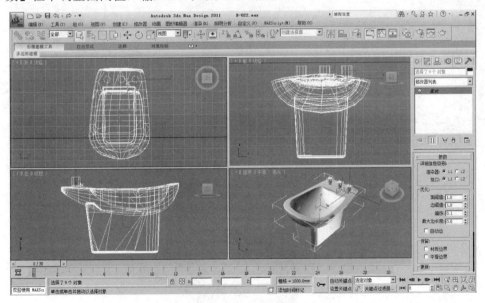

图 11.84　调整面阈值

（6）选择【导出】命令，弹出【选择要导出的文件】对话框，选择保存类型，输入文件名，选择导出路径，单击【保存】按钮，如图 11.85 所示。

图 11.85　【选择要导出的文件】对话框

11.2.2　在 SketchUp 中导入 3DS 文件

SketchUp 为 3DS 格式的文件提供了比较好的衔接，但是导入之后，仍然需要调整一些细节。具体操作步骤如下：

（1）单击桌面上的 Google SketchUp 8 快捷方式图标，启动 SketchUp，选择【文件】→【导入】命令，在弹出的【打开】对话框中选择一个 3DS 格式的文件，再单击【选项】按钮，在弹出的【3DS 导入选项】对话框中将【单位】改为毫米，单击【确定】按钮，如图 11.86 所示。单击【打开】按钮，模型便导入进来，如图 11.87 所示。

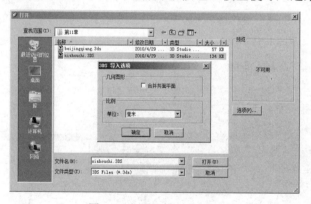

图 11.86　导入模型设置

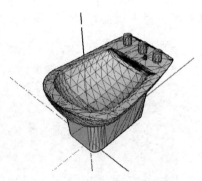

图 11.87　打开模型

（2）检查模型，是否正面统一，是否有漏面，如图 11.88 所示。

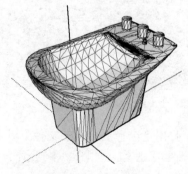

图 11.88　检查模型

（3）进入最内层组，选择组并右击，在弹出的快捷菜单中选择【软化/平滑边线】命令（如图 11.89 所示），在弹出的【柔化边线】对话框中调整适宜的角度范围，如图 11.90所示。

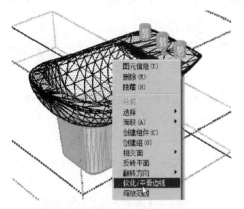

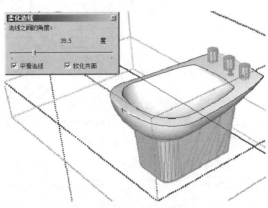

图 11.89　选择【软化/平滑边线】命令　　　　　图 11.90　调整角度范围

这样，一个使用 3ds Max 中建立的模型便成功导入到了 SketchUp 场景中。由于 3ds Max中的模型库非常多，可以很方便地将 3ds Max 的模型导入到 SketchUp 中使用，也可以经过转换，将 3DS 格式的文件制作成 SKP 格式的文件进行保存。

第 12 章　输出到 Piranesi 中生成手绘效果图

Piranesi（彩绘大师）是针对艺术家、建筑师和设计师研发的三维立体专业彩绘软件。Piranesi 是根据 18 世纪意大利建筑师、艺术家 Giovanni Battista Piranesi（乔瓦尼·巴蒂斯塔·皮拉内西）的名字而命名的。

Piranesi 不仅拥有透视图处理、光影效果、近大远小带消失关系的 Z 通道贴图功能，还拥有完善的手绘模拟系统，能够自由反复地添笔、校正，一步步构筑图像，在画布上完成各种风格的图像，是真正的空间图形处理软件。Piranesi 与 SketchUp 是一对天然的建筑表现搭档，建筑师可使用 SketchUp 在很短的时间内创作出草图，再使用 Piranesi 对草图进一步处理，最后形成水彩、水粉和油画等手绘风格的建筑作品效果图。

12.1　转化工具——Vedute

Vedute 是 Piranesi 中自带的转换工具，其功能是把不同格式的文件（如 DXF、3DS 和 SKP 等）转换为 Piranesi 可用的 EPX 和 EPP 格式文件。Vedute 是根据 Giovanni Battista Piranesi 著名的作品 Vedute Di Roma 的标题而命名。Vedute 主要处理模型相机角度、灯光和材质 3 个方面的信息。

12.1.1　Vedute 的操作界面

Vedute 的操作界面如图 12.1 所示，主要由以下几个区组成。

❑ A 区：菜单栏。包括【文件】、【编辑】、【视图】、【窗口】和【帮助】5 个主菜单。
❑ B 区：工具栏。包括主工具栏和【轻移】工具栏。
❑ C 区：面板区。默认开启【信息】、【缩略图】、【立体图】和【灯光】4 个面板。
❑ D 区：状态栏。
❑ E 区：视图微调滑杆。分为垂直和水平两个微调滑杆，只有模型打开时才显示。其功能是用来调整模型的观测角度。
❑ F 区：图形编辑区。

🔔注意：执行【窗口】菜单中相应的命令可以增减工具栏与面板。

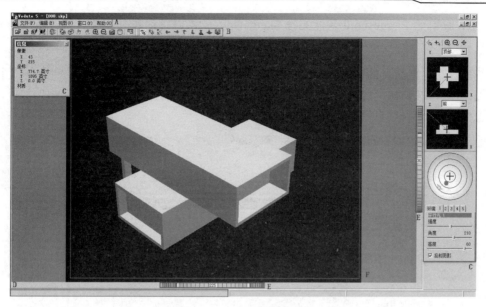

图 12.1　Vedute 的操作界面

12.1.2　将 SketchUp 文件导入到 Piranesi 中

SketchUp 生成的 SKP 文件不能直接被 Piranesi 识别，因此必须通过 Vedute 将 SKP 文件先转换成 EPP 文件或 EPX 文件。具体操作步骤如下：

（1）在 SketchUp 中，选择【文件】→【另存为】命令，在弹出的【另存为】对话框的【保存类型】下拉列表框中选择"SketchUp 版本 6（*.skp）"选项，另存为文件名为"000.skp"，如图 12.2 所示。

图 12.2　在 SketchUp 中另存文件

注意：目前的 Piranesi 5.0 只能支持 SketchUp 6 版本以下的文件类型，所以导入时必须将文件版本另存为"SketchUp 版本 6（*.skp）"文件类型，否则无法导入。

（2）双击桌面上的 Vedute 5.0 快捷方式图标，启动 Vedute。选择【文件】→【打开模型】命令，在弹出的【打开模型】对话框中选择步骤（1）保存的"000.skp"文件，如图 12.3 所示。

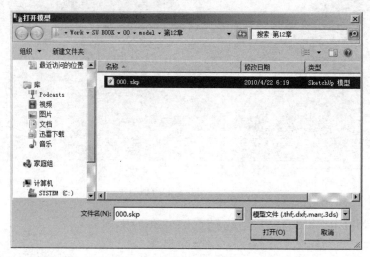

图 12.3　在 Vedute 中打开 SKP 文件

（3）在 Vedute 中进行相应设置（如相机角度、灯光和材质）后，选择【文件】→【保存图像】命令，在弹出的【另存为】对话框中保存为"architecture.epx"文件。

（4）双击桌面上的 Piranesi 5.0 快捷方式图标，启动 Piranesi。选择【文件】→【打开模型】命令，在弹出的【打开】对话框中选择步骤（3）保存的"architecture.epx"文件，如图 12.4 所示。

图 12.4　在 Piranesi 中打开 EPX 文件

注意：将 SketchUp 的文件导入到 Piranesi 中需要以上 4 步，如果错一步就无法完成，所以在操作中一定要留心。

12.1.3　相机角度

虽然在 SketchUp 中可以设置相机，但由于导入过程中可能会出现问题，所以一般情况下，在 Vedute 中还需要重新设置相机的观察角度，以便效果图的构图更加完美。具体操作步骤如下：

（1）选择【文件】→【模型参数】命令，在弹出的【模型属性】对话框中将【单位】选项设置为"毫米（I）（mm）"，单击【确定】按钮，如图 12.5 所示。

（2）选择【窗口】→【视图参数】命令，弹出如图 12.6 所示的【视图参数】对话框。在【视角】文本框中输入需要的视角数值。此数值的取值范围为 10～170，视角越大，观看的范围越大。

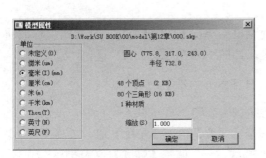

图 12.5　设置系统单位

图 12.6　【视图参数】对话框

（3）设置相机主要在如图 12.7 所示的【缩略图】面板中进行。面板中有上、下两个预览区，分别是【水平位置预览区】与【垂直位置预览区】。预览区中，绿色的眼睛图标表示观测者的位置，蓝色的十字图标表示目标点的位置，青色的图标表示物体的位置。单击【设置眼睛位置】按钮，然后在【水平/垂直位置预览区】相应的位置单击【设置眼睛位置】按钮；再次单击【设置着眼点位置】按钮，然后在【水平/垂直位置预览区】相应的位置单击【设置着眼点位置】按钮。

（4）调整相机。在【缩略图】面板的两个预览区中，可以单击选择眼睛或着眼点位置，然后按住鼠标左键不放并移动光标，此时屏幕会随着眼睛或着眼点位置的变化而改变相机的角度。在操作过程中，可以单击【放大】、【缩小】或【移动】按钮 ⊕ ⊖ ✛ 对预览区进行相应的视图变换操作。

（5）最后，移动视图微调滑杆，分别在水平与垂直两个滑杆上进行相机视角的微调。

注意：在导入 Vedute 之前，不论在 SketchUp 中是否设置过相机，系统都自带相机角度。
如果在 Vedute 中调整后发现比在 SketchUp 中的观察角度差，可以选择【窗口】→【指定视图】命令，在弹出的如图 12.8 所示的【已命名视图】对话框中选择DEFAULT 相机，然后单击【应用】按钮，还原导入前的相机角度。

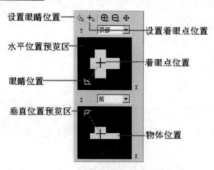

图 12.7 【缩略图】面板　　　　　　　图 12.8 【已命名视图】对话框

12.1.4　灯光

在 SketchUp 中只能模拟阳光的照射，而在 Vedute 中可以设置灯光。Vedute 灯光分为两大类：一种是代表自然光的环境灯光；另一种是代表人工光的平行光。在默认情况下，环境灯光与平行光都是打开的。

（1）设置环境灯光。在【灯光】对话框中单击【环境】标签，然后用鼠标拖动【天空】或【地面】滑块来调整环境灯光的强度，如图 12.9 所示。

注意：环境灯光主要影响室外场景，对室内影响较小。

（2）人工光是指【环境】标签右侧的 1、2、3、4、5 共 5 个标签，表示只有 5 盏灯可以使用。人工光的参数都一样，可以调整【强度】值、【角度】值、【高度】值以及是否使用【投射阴影】复选框，如图 12.10 所示。一旦调整【强度】值为非零，则表示打开此盏灯。

注意：【角度】值只能调整灯光的角度而不能调整灯与被照射物体的远近距离和垂直距离。

（3）人工光位置的调整。Vedute 使用黄绿色、紫红色、青色、红色和深绿色 5 种不同的颜色分别代表 1～5 这 5 盏人工光。在【立体图】面板中，可以拖动相应的人工光以移动位置，如图 12.11 所示。

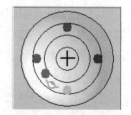

图 12.9　调整环境灯光　　　图 12.10　调整人工光　　　图 12.11　移动人工光

注意：每盏人工光的属性面板中都有【投射阴影】复选框，一般情况下，只需要将主灯光选中【投射阴影】复选框，辅灯则不选，这样可以避免出现多重阴影的不真实状况。

12.1.5　材质

Vedute 中的材质并不是真正意义的材质，而是进入到 Piranesi 中的选择参照，也就是"锁定"。Piranesi 中重要的一步操作就是对一定的区域进行上色，"锁定"就是精确选择上色区域的一类工具，如"平面锁定"、"方向锁定"和"颜色锁定"等。但这些锁定的使用都是在"材质锁定"基础之上，所以必须先对材质进行分类，才能更好地在 Piranesi 中选取所要描绘的面。这里强调的是材质分类，而不是赋予材质，这是两个不同的概念。

如果在 SketchUp 建构对物体各自独立成组，则可在 Vedute 中轻松选取。在 Vedute 中设置材质的具体操作步骤如下：

（1）选择【窗口】→【材质】命令，弹出如图 12.12 所示的【材质】面板。面板中上面第一排的 4 个按钮分别是【编辑材质】按钮、【合并材质】按钮、【新建材质】按钮和【应用到面】按钮。列表框中显示的是当前场景中的材质，默认情况下显示 DEFAULT 材质。

（2）编辑材质。双击材质名称或单击【编辑材质】按钮，在弹出的【编辑材质】对话框中可对材质名称、材质颜色、是否透明和是否有阴影等内容进行编辑，如图 12.13 所示。

图 12.12　【材质】面板

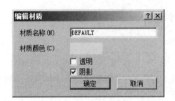

图 12.13　【编辑材质】对话框

（3）建立新材质。单击【新建材质】按钮，在弹出的【新建材质】对话框中可对材质名称、材质颜色、是否透明和是否有阴影等内容进行编辑，如图 12.14 所示。

（4）将建立好的材质运用到面。单击【应用到面】按钮，然后选择所要赋予材质的面，即可将建立好的材质应用到指定的面，然后再次单击【应用到面】按钮，结束操作。

（5）删除不用的材质。在 Vedute 中没有删除材质的命令，但可以使用【合并材质】命令来删除不用的材质。一般状态下这个图标是灰色的，只有在选取了两种以上的材质后才可以使用，如图 12.15 所示。按住 Ctrl 键不放，再选择材质时可以增加或减少选择。对于不再使用的材质，可以合并到已经建立的材质上，也可以合并到原默认材质上，等待再次分配新材质。

图 12.14　【新建材质】对话框

图 12.15　合并材质

（6）选择【编辑】→【添加地平面】命令，弹出如图 12.16 所示的【地平面】对话框。设置好参数后，单击【确定】按钮，可以在场景中为建筑物添加地平面。如果要删除地平面，可以选择【编辑】→【删除地平面】命令。

图 12.16　添加地平面

📖注意：在 Vedute 中设置材质的目的是在 Piranesi 中使用各种类型的画笔工具、填充工具上色时方便选择对象区域，即锁定。

12.2　介绍 Piranesi

SketchUp 建立好的三维文档经 Vedute 转换成 EPX（Extended Pixel File）文件格式后，即可在 Piranesi 中进行后期处理。也就是说，用户只要在 SketchUp 中建立好立体模型，不用进行烦琐的材质设定、配置灯光与渲染计算，直接利用记录于画像中的景深、材质名称信息以及场景中物体的形状及面的倾斜度信息，就可将二维图像当做立体空间来绘制，快速涂绘材质，配置点景。

12.2.1　界面介绍

Piranesi 的操作界面如图 12.17 所示，主要由以下几个区组成。

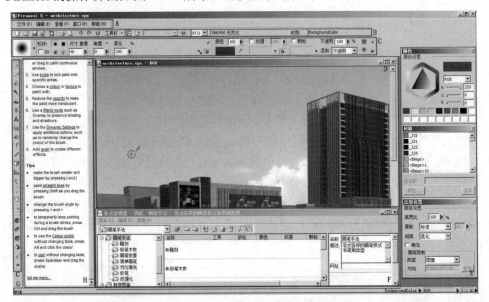

图 12.17　Piranesi 的操作界面

- ❑　A 区：菜单栏。包括【文件】、【编辑】、【查看】、【窗口】和【帮助】5 个菜单。
- ❑　B 区：工具栏。

- ❑ C 区：工具箱。可以进行绘图、选择锁定和调整颜色等操作。
- ❑ D 区：图形编辑区。
- ❑ E 区：工具管理器。包括【材质】、【高级设置】和【颜色】等多个工具面板。最常用的是【高级设置】面板，其可根据用户所选择的绘图工具的不同而显示不同的设置选项。
- ❑ F 区：样式浏览器。主要包括笔刷、填充、颗粒、滤镜、贴图、纹理和手法等各种样式，也可以根据需要增加、减少、编辑相应的样式或样式目录。
- ❑ G 区：状态栏。当光标在软件操作界面上移动时，状态栏中会有相应的文字提示，这些提示可以帮助使用者更容易地操作软件。
- ❑ H 区：帮助助手。当单击不同工具时，在帮助栏中会显示具体的帮助信息。

🔔注意：如果要增减工具栏、工具箱、工具管理器、样式浏览器或状态栏，可以在【查看】菜单的【工具栏】中选择相应的命令，或者直接单击 工具栏 ▾ 按钮。

12.2.2　调整颜色

Piranesi 打开的经 Vedute 转换的 EPX（Extended Pixel File）文件都是位度图，其中的颜色、材质只是作为参照信息（就是"锁定"）存储在文件中，并没有真正的颜色意义，所以，在 Piranesi 中还需要对颜色进行设置。

调整颜色的方法有两种：在工具管理器中选择【颜色】面板，直接双击工具箱中【绘图模式】栏中的颜色预览区，均会出现如图 12.18 所示的【颜色】选项卡。

其中各项的功能介绍如下。

- ❑ 调色板：用于调整当前颜色，外侧的正六边形用于调整色相，内侧的三角形用于调整颜色的明度与饱和度。
- ❑ 颜色预览区：用于查看调整后的颜色。
- ❑ 颜色类别列表：可以通过该列表选择颜色的类别，默认是 RGB 色系，还可以选择 HLS 和 HSV 两种颜色系统。
- ❑ 数字调色区：计算机的颜色系统都是通过"数字"精确定制的，所以也可以通过此处的"数字"来调整需要的颜色。
- ❑ 颜色存储框：可以将经常用到的颜色存储在这里。存储的方法就是从颜色预览区中将颜色拖入此处，如图 12.19 所示。

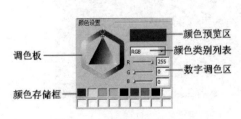

图 12.18　【颜色】选项卡

图 12.19　颜色存储框

12.2.3　锁定

锁定是 Piranesi 中一个非常重要的概念。上色时，用户往往需要对某一类型的区域进行操作，而选择该类型区域就要使用到"锁定"这个功能。Piranesi 中共有 4 种锁定类型，即平面锁定、方向锁定、材质锁定和颜色锁定。

- ❑　■（平面锁定）：在一个特殊的平面区域中上色，如图 12.20 所示。

图 12.20　平面锁定操作

- ❑　■（方向锁定）：在与指定透视方向相同的多个关联平面区域中上色，如图 12.21 所示。

图 12.21　方向锁定操作

- ☐ ▨（材质锁定）：在同一材质所在的平面区域中上色，如图 12.22 所示。材质的指定需要在 Vedute 中完成。

图 12.22 材质锁定操作

- ☐ ▨（颜色锁定）：在同一颜色所在的平面区域中上色，如图 12.23 所示。

图 12.23 颜色锁定操作

12.2.4 上色

Piranesi 中上色主要是使用画笔工具与填充工具。画笔工具有 3 种，即【笔刷】、【铅笔】和【画笔】工具。填充工具也有 3 种，即【局部填充】、【全部填充】和【多重填充】工具。

- ☐ ▨（笔刷）：将光标当做画笔，在绘图区自由地上色。单击工具箱中的【笔刷】

按钮，在工具箱中选择笔刷选项，对各项参数进行设置，如图 12.24 所示，然后在屏幕中通过单击光标进行上色，如图 12.25 所示。

图 12.24　设置笔刷参数

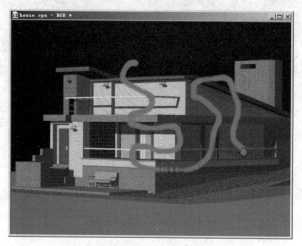

图 12.25　使用【笔刷】工具上色

- □　（铅笔）：在绘图区绘制直线。单击工具箱中的【铅笔】按钮，在工具箱中选择铅笔选项，对各项参数进行设置，如图 12.26 所示，然后在屏幕中通过单击光标绘制直线，如图 12.27 所示。

图 12.26　设置【铅笔】工具参数

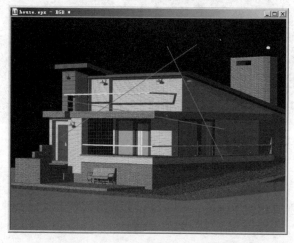

图 12.27　使用【铅笔】工具绘制直线

注意：使用【铅笔】工具绘制直线时，按住 Shift 键不放，可以绘制出正交直线。

- （画笔）：当将颜料"泼溅"到绘图区，使用【画笔】工具绘图时，色彩会自动生成在光标四周。单击工具箱中的【画笔】按钮，在工具箱中选择画笔选项，对各项参数进行设置，如图 12.28 所示。然后在屏幕中单击光标进行上色，如图 12.29 所示。

图 12.28　设置【画笔】工具参数

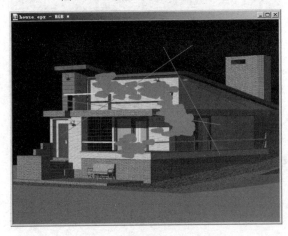

图 12.29　使用【画笔】工具上色

- （填充）：将选定的颜色填充到需要改变颜色的区域中。【填充】工具中的【相邻】复选框 ☑相邻，用于设置填充模式，相当于 4.0 版本中的【局部填充】与【全部填充】。

  ➢ 局部填充（取消选中【相邻】复选框）：将选定的颜色填充到指定的区域中，如图 12.30 所示。

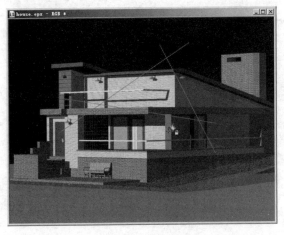

图 12.30　局部填充

> ➢ 全部填充（选中【相邻】复选框）：将选定的颜色填充到与指定区域相关联的所有区域中，如图 12.31 所示。

图 12.31　全部填充

🔖注意：对于区域的选择，应使用"锁定"的方式。

□ 　（多重填充）：以样式浏览器中选择的样式为参照，在指定的区域中填充颜色。

12.3　Piranesi 应用案例

利用彩绘大师将建立好的 SketchUp 模型进行渲染，可得到类似于手绘图的表现效果。具体步骤如下：

（1）开启场景模型。为了提高显示速度，可先关掉阴影显示模式，如图 12.32 所示。

图 12.32　开启场景模型

（2）整理场景模型。删除人物、植物和交通工具等组件，如图 12.33 所示。

图 12.33　整理场景模型

（3）选择【窗口】→【风格】命令，调出背景设置选项，去掉背景和天空的颜色，如图 12.34 所示。

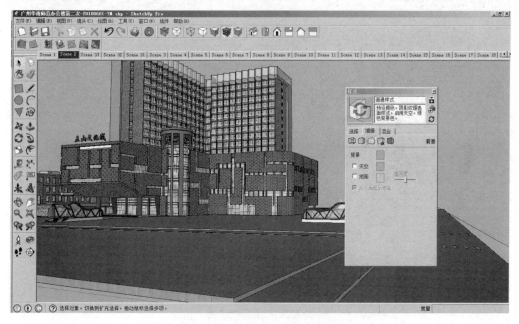

图 12.34　去掉背景和天空的颜色

（4）进行视角的调整。在效果图的制作中，通常选用两点透视，选择菜单中的【相机】→【两点透视】命令，如图 12.35 所示。

图 12.35　视角的调整

（5）打开阴影设置，进行调节，如图 12.36 所示。

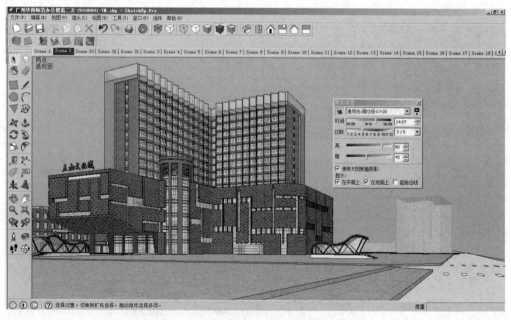

图 12.36　阴影的调整

（6）将 SKP 格式的文件导出成 EPX 格式。选择菜单栏中的【文件】→【导出】→【2D 图像】命令，弹出【输出二维图像】对话框，单击【选项】按钮，设置图像尺寸。选择导出路径，修改文件名称，如图 12.37 所示。

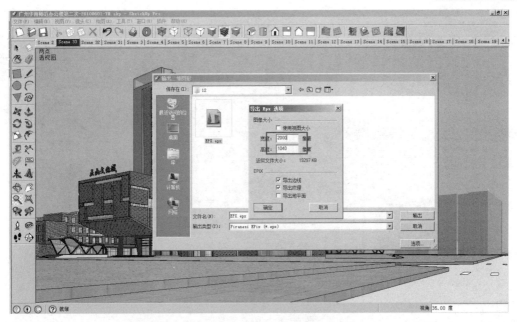

图 12.37　导出选项设置

（7）双击桌面上的 Piranesi 5.0 快捷方式图标，启动 Piranesi，选择【文件】→【打开】命令，打开步骤（6）保存的 EPX.epx 文件。

（8）调整图像范围。选择【编辑】→【改变范围】命令，打开【图像范围】对话框，在最上面的文本框中输入 21（由于 SketchUp 的操作界面有所不同，在导出选项中设置宽度为 1800，但是高度会有所不同，因此输入的数值需要根据实际情况而定，通常情况下将高度调整为 1200 即可），如图 12.38 所示。

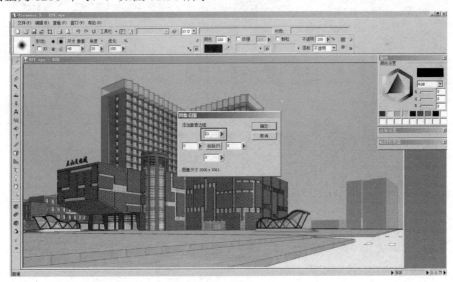

图 12.38　改变图像范围

（9）激活样式浏览器，选择【Piranesi 纹理】→【背景】选项，双击 Sky 005 天空贴图，使用【填充】工具填充背景层，如图 12.39 所示。

图 12.39　填充背景层

（10）使用【画笔】工具，强化建筑明暗面的对比效果。在样式浏览器中选择适宜的笔刷，吸取需要强化的材质表面颜色，调整颜色透明度。不断地调整颜色及透明度，逐层绘制，如图 12.40 所示。

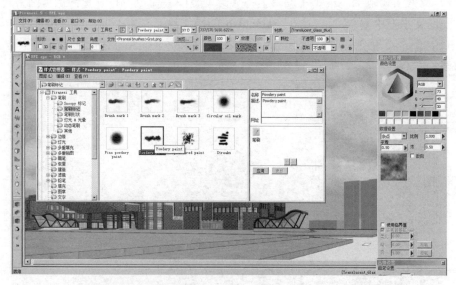

图 12.40　使用【画笔】工具强化建筑明暗的对比效果

（11）打开样式浏览器，选择→【Piranesi 贴图】→【植物】选项，在其下选择 Tree 004 植物贴图，双击后在场景中相应的位置进行贴图。在 Piranesi 中，贴图会自动沿着地平线进行缩放，如图 12.41 所示。

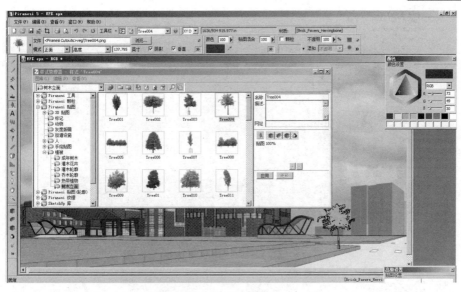

图 12.41　创建植物

（12）使用同样的方式在样式浏览器中选择其他贴图，进一步丰富场景，如图 12.42 所示。

图 12.42　丰富场景

（13）单击窗口右侧的贴图管理器，将所有的贴图选中并右击，在弹出的快捷菜单中选择【并入】命令，对场景中的贴图文件进行合并，如图 12.43 所示。

（14）在样式浏览器中选择【快速开始】→【特殊效果】→【01. 画笔样式 1】类别，分别为图像应用【03. 黑色边缘】和【02. 画笔】，如图 12.44 所示。

（15）再次应用【03. 黑色边缘】，如图 12.45 所示。

图 12.43　合并贴图

图 12.44　调整效果

图 12.45　最终效果图

（16）选择【文件】→【导出】命令，将场景文件导出为 JPG 格式。

至此，便完成了在 Piranesi 中绘制整个场景的全部流程。在 Piranesi 中制作场景很随意，它提供了几十种不同的笔刷，将不同的笔刷配合，会有不同的效果。另外，也可以添加用户自己制作的特殊效果的笔刷。

第 13 章　输出到 Artlantis 中制作效果图

Artlantis 是法国 Abvent 公司开发的一款重量级渲染引擎，主要用于建筑室内和室外场景的专业渲染，其超凡的渲染速度、渲染质量与简洁的操作界面令人耳目一新，被誉为建筑绘图场景、建筑效果图画和多媒体制作领域的一场革命。其渲染速度极快，与建筑建模软件（如 SketchUp、3ds Max 和 ArchiCAD 等）可以无缝连接，渲染后所呈现的绘图与动画影像让人印象深刻。

Artlantis 中有许多高级的专有功能，可以为任意的三维空间工程提供真实的基于硬件和灯光的现实仿真技术。对于许多主流的建筑 CAD 软件，如 ArchiCAD、VectorWorks、SketchUp、AutoCAD 和 Arc+等，Artlantis 都可以很好地支持输入通用的 CAD 文件格式，如 DXF、DWG 和 3DS 等。

13.1　基本介绍

Artlantis 是一个渲染器，而渲染器是不能建模的，只能将使用其他软件建立的模型导入其中。目前，Artlantis 中可以导入 SketchUp、3ds Max 和 ArchiCAD 等软件制作的模型，尤其适合于 SketchUp，所以 Artlantis 也被称为 SketchUp 的渲染伴侣。

13.1.1　从 SketchUp 到 Artlantis

Artlantis 支持的文件格式如图 13.1 所示，最主要的是 ATL 文件格式。有两种方法可将 SketchUp 文件导入到 Artlantis 中，第一种方法是直接在 Artlantis 中打开 SketchUp 模型；第二种方法是从 SketchUp 导出 ATL 格式的文件，然后在 Artlantis 中直接打开。由于 SketchUp 本身并不能创建 ATL 文件，所以使用第二种方法前，需要先安装 SetupSkp7xtoAtl3 插件，其下载地址为 ftp://anonymous@ftp.abvent.com/SetupSkp7xtoAtl3.zip。

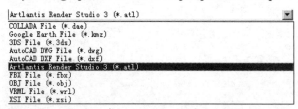

图 13.1　Artlantis 支持的文件格式

也可以把 SketchUp 模型导出成 3DS 格式的文件，但在将 3DS 文件输出到 Artlantis 中时会出现材质丢失、模型尺寸变化等问题，所以一般情况下也应安装输出插件。将 SketchUp 模型输出成 ATL 格式的文件，再导入 Artlantis 中的具体操作步骤如下：

（1）安装 SetupSkp7xtoAtl3 插件。

（2）在 SketchUp 中调整好相机的角度，选择【文件】→【导出】→【3D 模型】命令，在弹出的【输出模型】对话框的【输出类型】下拉列表框中选择"Artlantis Render Studio 3（*.atl）"选项，然后设置保存路径与文件名，如图 13.2 所示。需要注意的是，路径与文件名中都不能出现中文，如"桌面"、"我的文档"等，否则将无法导出。最后单击【输出】按钮完成输出。

注意：在【输出模型】对话框中可以单击【选项】按钮，弹出如图 13.3 所示的 Options Dialog 对话框。该对话框包括 Selection Only（仅导出选择物体）与 Use Layers（使用图层）两个复选框，用户可以根据情况进行选择。

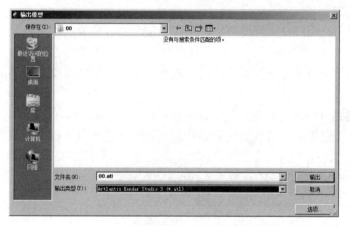

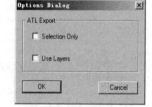

图 13.2　【输出模型】对话框　　　　　　　图 13.3　Options Dialog 对话框

（3）双击桌面上的 Artlantis 快捷方式图标，启动 Artlantis，在弹出的【打开】对话框的【文件类型】下拉列表框中选择"Artlantis（.atl）（*.atl）"选项，如图 13.4 所示，选择步骤（2）中导出的 ATL 文件，然后单击【打开】按钮，完成文件的导入。

图 13.4　打开 ATL 文件

注意：渲染器本身是无法建模的，所以每次启动 Artlantis 时都会自动弹出【打开】对话框，要求用户打开已经建立好的模型文件。

13.1.2　Artlantis 的操作界面

Artlantis 的操作界面如图 13.5 所示，主要由以下几个区组成。

- ❑　A 区：菜单栏。包括【文件】、【编辑】、【显示】、【查看栏】、【窗口】、【工具】和【帮助】7 个菜单。
- ❑　B 区：工具栏。
- ❑　C 区：控制栏。包括【材质】、【灯光系统】、【太阳光】、【物件】和【透视图】5 类控制栏。控制栏之间的切换通过单击 ◇ ♀ ☼ ⬡ ▦ 5 个按钮完成。
- ❑　D 区：列表。列表是控制栏的一个附属项，通过单击控制栏中的【单击开/关列表】按钮 ▦ 打开/关闭相应的列表。
- ❑　E 区：二维（2D）视图。通过 2D 视图可以调整相机的位置、灯光的位置以及日光入射的角度等。
- ❑　F 区：预览区。预览区中的模型是实时渲染的，观察到的效果基本上就是最终的效果图。
- ❑　G 区：介质浏览器。通过介质浏览器可以向场景中加入材质、新物体和背景图像等。
- ❑　H 区：状态栏。在渲染过程中，可以通过观察状态栏得知当前场景中模型的渲染情况。

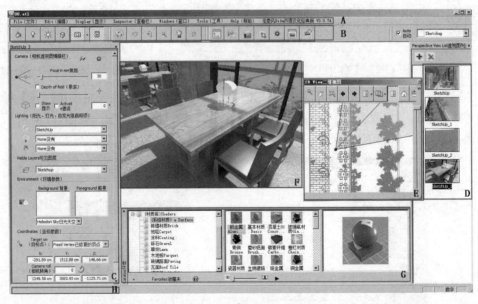

图 13.5　Artlantis 的操作界面

注意：增减控制栏、2D 视图和介质浏览器的显示与隐藏，可以在【窗口】菜单中选择相应的命令来实现。

13.2　透　视　图

Artlantis 作为一个实时渲染的软件，拥有许多特殊的视图操作功能。本节将介绍怎样设置相机角度、渲染参数和剖切视图。

13.2.1　设置相机角度

虽然在 SketchUp 中设置过相机角度，但是在导入的过程中有可能会出现问题，所以一般情况下，在 Artlantis 中需要重新设置相机的观察角度，使效果图的构图更加完美。具体操作步骤如下：

（1）在工具栏中单击【透视图】按钮，此时控制栏会立即切换成透视图，调节焦距滑块，如图 13.6 所示。人眼的视觉基本上相当于 50mm 的焦距，小于 50mm 的是广角镜头，一般情况下相机镜头焦距的取值应在 28～50mm 之间。

（2）选择【窗口】→【2D 视图】命令，或单击工具栏中的【2D 视图】按钮，弹出如图 13.7 所示的【二维视图】窗口。其中红色的小圆点代表视点位置，蓝色的小圆点代表目标点位置，蓝色的角度延长线代表视角范围。通过单击窗口顶部的【顶视图】、【前视图】、【右视图】、【左视图】和【后视图】按钮，可以切换到不同的视图中，并在不同的视图中可以调节视点位置和目标点位置以设置相机的角度，最终结果在预览区中显示。

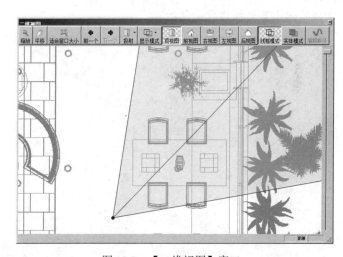

图 13.6　调节镜头焦距　　　　　　　　图 13.7　【二维视图】窗口

（3）单击工具栏中的【导航器】按钮，屏幕光标会变成带 XYZ 字样的四方向箭头，在屏幕上单击并按住鼠标左键不放移动光标，可以进行相机的摇移。

（4）单击工具栏中的【缩放】按钮，屏幕光标会变成放大镜形状，在屏幕上使用光标拉出一个矩形，可以进行相机视图的放大。

（5）单击工具栏中的【平移】按钮，屏幕光标会变成手形，在屏幕上单击并按住鼠标左键不放移动光标，可以进行相机的平移。

注意：滚轮鼠标可以完成一部分相机视图的操作。按住鼠标中键不放，在屏幕上移动可以平移相机视图，上下滑动鼠标的滚轮可以放大/缩小相机视图。

13.2.2　设置渲染参数

模型在 Artlantis 中进行一系列的操作后需要渲染输出为图像，渲染之前必须设置一些渲染参数，然后才能指定图像的保存路径与输出格式。具体操作步骤如下：

（1）选择【窗口】→【渲染参数设置】命令，或单击工具栏中的【渲染选项】按钮，弹出如图 13.8 所示的【透视图渲染设置】对话框。其中主要参数的意义如下。

- 【宽度】和【高度】指输出图像的尺寸，单位为"像素"。
- 【分辨率】指输出图像的精度，单位是 dpi。
- 【打印宽度】和【打印高度】这两个参数是根据【宽度】、【高度】和【清晰度】自动计算生成的。
- 【抗锯齿】指输出图像的边界线的清晰度，有【低】和【高】两个等级。
- 【光能传递】是指通过对细分表面的计算，能够快速、准确地计算每个面之间的亮度和色彩，重现物体的真实照明效果。光能传递是一种算法很成熟的 GI 系统，包括【精确度】和【室内外采光选择】两个选项。

（2）单击工具栏中的【渲染】按钮，弹出如图 13.9 所示的【另存为】对话框，在【保存类型】下拉列表框中选择"TGA（*.tga）"选项，然后设置保存路径与文件名，单击【开始渲染】按钮进行渲染输出。

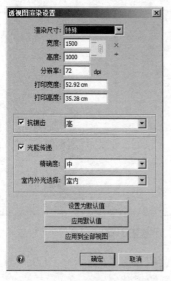

图 13.8　【透视图渲染设置】对话框

图 13.9　渲染输出

〽注意：输出的图像一般都要使用 TGA 图形文件格式，因为这样的文件格式图形图像带有 Alpha 通道，在进入到 Photoshop 中进行后期图形处理要方便一些。或者直接选择 PSD 格式，带有图层和通道信息更为便捷。

13.2.3 设置剖切场景

有时需要对完整的建筑物场景进行虚拟剖切处理，主要是为了能够观察到建筑物内部的构造，这时就要使用到 Artlantis 的剖切场景渲染功能。具体操作步骤如下：

（1）在工具栏中单击【透视图】按钮 ⬜，打开【透视图】控制栏，在【摄像机】栏中选中【显示】和【激活】复选框，如图 13.10 所示。

（2）选择【窗口】→【2D 视图】命令，在弹出的【二维视图】窗口的顶部单击【顶视图】按钮，切换到顶视图，此时在建筑物周围会出现一个顶点为深蓝色的蓝色的框。这个框就是剪辑框，建筑物以剪辑框为界被虚拟剖切，剪辑框以外的建筑物被自动隐藏。

（3）用光标拖动剪辑框的深蓝色顶点，随着剪辑框的缩小，剪辑框外的建筑物被自动剖切隐藏，如图 13.11 所示。

图 13.10　【透视图】控制栏

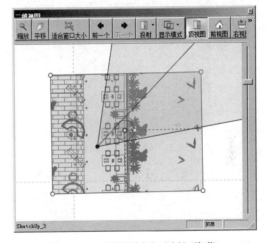

图 13.11　建筑物被自动剖切隐藏

13.3　材　　质

在 SketchUp 中虽然也可以给模型赋予材质，但是并没有实际意义。因为材质必须要结合灯光才能正常地表现，而 SketchUp 中并没有灯光的设置。作为 SketchUp 的渲染伴侣，Artlantis 有各式各样的灯光设置，材质在其中可以得到真正的体现。

13.3.1　设置材质的参数

在 SketchUp 中可以为材质指定相应的名称，导入 Artlantis 后，可根据材质的名称来进行相应的调整。Artlantis 对中文材质名称的支持不太好，所以在 SketchUp 中指定材质时应使用非中文的材质名。在 Artlantis 中设置材质参数的步骤如下：

（1）双击桌面上的 Artlantis 快捷方式图标，启动 Artlantis，在弹出的【打开】对话框中选择从 SketchUp 中导出的 ATL 文件。

（2）单击工具栏中的【材质】按钮 ◇，打开【材质】控制栏，如图 13.12 所示。单击控制栏中的【单击开/关列表】按钮 ▣，打开【材质列表】对话框，场景中模型所有的材质名称如图 13.13 所示。

图 13.12　【材质】控制栏

图 13.13　材质列表

（3）在【材质列表】对话框中选择需要调整的材质名称，则【材质】控制栏中的当前材质会自动切换成所选择的材质，用户可以在该控制栏中调整所选材质的各项参数，如材质的颜色、透明度、高光、反射以及贴图。

13.3.2　替换材质

Artlantis 中自带一部分常用的材质，如果对当前场景中的材质不满意，可以将这些自带的材质进行替换。具体操作步骤如下：

（1）单击工具栏中的【材质】按钮 ◇，打开【材质】控制栏。单击【单击开/关列表】按钮 ▣，打开【材质列表】对话框，在其中选择需要替换的材质。

（2）选择【窗口】→【材质图库目录】命令，或单击 按钮，在弹出的材质图库目录中可以看到 Artlantis 自带的常用材质，如图 13.14 所示。

（3）选择需要的材质，并拖动到场景中，即可替换原有的材质。

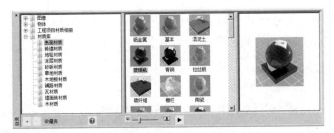

图 13.14　Artlantis 自带的材质

13.4　灯　　光

Artlantis 的灯光主要有两大类：一是自然光源，包括太阳光与天光；二是人工光源，包括点光灯和射光灯。通过设置这两类灯光可以完成对场景的真实模拟照明。这项功能正好弥补了 SketchUp 中没有灯光的不足，是将使用 SketchUp 建立的模型绘制成逼真的效果图的常用方法之一。

13.4.1　自然光源

Artlantis 可以模拟精确的时间段和具体的地理位置来设置太阳光。在制作效果图时，除非是绘制完全夜景，否则日光的设置必不可少。具体操作步骤如下：

（1）单击工具栏中的【太阳光】按钮 ，打开【太阳光】控制栏，在其中可以调整日光的常用参数，如图 13.15 所示。主要调整日期与位置、日光的强度、阴影、天光的强度与颜色等。

（2）选择【窗口】→【2D 视图】命令，在弹出的【二维视图】窗口的顶部单击【顶视图】按钮，切换到顶视图，此时在【二维视图】窗口中多出了一个罗盘，如图 13.16 所示。通过调整罗盘中指针的方向可以改变太阳光的入射角度。

图 13.15　【太阳光】控制栏

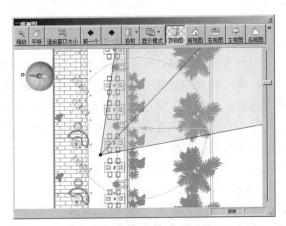

图 13.16　调整太阳入射角度

注意：太阳光的颜色是系统默认的偏暖的色调，可以自行修改。天光的颜色也可以调整，一般情况下，天光的颜色都应设置为蓝色略偏冷。

13.4.2　人工光源

Artlantis 的人工光源与其他三维设计软件的灯光配备基本一致。人工光源的具体操作步骤如下：

（1）单击工具栏中的【灯光系统】按钮 ，打开【灯光系统】控制栏，如图 13.17 所示，然后单击【单击开/关列表】按钮 ，打开【灯光列表】对话框，在默认情况下是没有人工光源的。【灯光系统】控制栏中主要参数的意义如下。

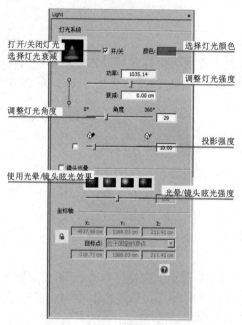

图 13.17　【灯光系统】控制栏

- ❑ 【选择灯光衰减】按钮 ：单击此按钮后会出现 9 个默认灯光衰减模式，可以自行选择合适的模式。
- ❑ 开/关：选中该复选框，表示灯光打开；取消选中该复选框，表示灯光关闭。要选中该复选框，应该先在【灯光列表】对话框中选择需要进行操作的灯光。
- ❑ 功率：灯光的强度可以通过数值输入或者移动滑块进行调节。
- ❑ 角度：通过调节角度，可以控制灯光的照射范围，当角度达到 360°时，该光源即为点光灯，点光灯是向四周发散的人工光源，只有投射点一个图标可调，没有灯光的界限，相当于 3ds Max 中的 Omi（泛光灯）；当角度小于 360°时，即为射光灯，灯光投射的方向性较好，可产生锥形的照射区域，相当于 3ds Max 中的 Target Spot（目标聚光灯）。
- ❑ 【投影强度】滑块：通过移动滑块或直接输入数值来调整投影强度。
- ❑ 【使用光晕/镜头眩光效果】按钮：按下此按钮亮显时，表示所选择灯光的光晕打开；不按时，表示所选择的灯光光晕关闭。

- ❑ 【光晕/镜头眩光强度】滑块：通过移动滑块或直接输入数值来调整所选择灯光的光晕/镜头眩光强度。

（2）向场景中添加灯光。在【灯光列表】对话框中单击 ✚ 按钮，可以添加一个灯光，如图 13.18 所示。默认情况下增加的灯光参数与上一个灯光的参数相同，如果需要更改灯光的类型，可以改变灯光的角度进行调整即可。

（3）移动灯光的位置。选择【窗口】→【2D 视图】命令，在弹出的【二维视图】窗口中可以看到，原来代表视点的红色小圆点变成了一个黄色小圆点。这是因为在默认情况下，表示灯光的黄色小圆点与表示视点的红色小圆点是重合的。在相应视图中可以拖动黄色小圆点到所需要的位置来定位灯光，如图 13.19 所示。

图 13.18　增加灯

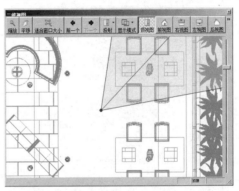

图 13.19　移动灯光

（4）调整射光灯的灯光投射方向与角度。与点光灯的四散发射不一样，射光灯有投射方向和角度。如果场景中设置了射光灯，可以通过移动灯光目标点来调整灯光的投射方向，通过拖拉两条边线调节灯光的照射角度。如图 13.20 所示是调整射光灯投射方向，如图 13.21 所示是调整射光灯照射角度。

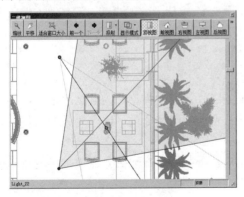

图 13.20　调整射光灯投射方向

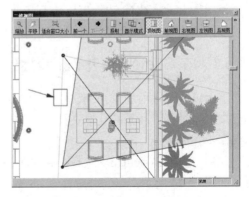

图 13.21　调整射光灯照射角度

13.4.3　复制灯光

在制作效果图时，多盏低强度灯光集合的效果要比一盏高强度灯光的效果显得更加柔和、真实和绚丽。这种使用多盏低强度灯光集合的手法叫做"灯光阵列"。要使用灯光阵列，就要先设置好一盏灯，然后对这盏灯进行复制。在 Artlantis 中对灯光进行复制有如下 3 种方法：

（1）在【灯光列表】对话框中右击需要复制的灯光，在弹出的快捷菜单中选择【复制】命令，如图 13.22 所示。

（2）在【二维视图】窗口中右击需要复制的灯光，在弹出的快捷菜单中选择【复制】命令，如图 13.23 所示。

（3）在【二维视图】窗口中按住 Alt 键拖动要复制的灯光即可。

图 13.22　复制灯光方法之一

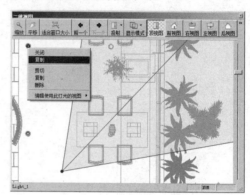

图 13.23　复制灯光方法之二

注意：在使用多盏低强度的灯光集合进行灯光阵列的操作时，灯光越多，强度越低，照明的效果就越好，但是过多的灯光会影响系统的渲染计算速度。

13.5　Artlantis 应用案例

使用 Artlantis 结合 SketchUp 进行场景渲染，整个流程都十分的直接、流畅。本例将把使用 SketchUp 建立的模型导入到 Artlantis 中，并对其渲染。

13.5.1　在 SketchUp 中进行调整

下面以一个室内场景为例，来说明将使用 SketchUp 建立的模型导入到 Artlantis 中并对其渲染的全过程。场景的建立在此不再叙述，配书光盘中已经提供了这个场景的文件。具体操作步骤如下：

（1）启动 SketchUp，选择【文件】→【打开】命令，打开配书光盘中提供的场景模型，如图 13.24 所示。

（2）Artlantis 能够继承在 SketchUp 中建立的材质，但其进行材质调整时是依照 SketchUp 的材质分组进行材质区分的，所以在 SketchUp 中需对材质进行仔细分组，以便在 Artlantis 中进行操作，如图 13.25 所示。

图 13.24　打开场景模型

图 13.25　进行材质分组

（3）选择【编辑】→【显示】→【全部】命令，将隐藏的对象全部显示出来。将视图调整到合适的位置，准备导出，如图 13.26 所示。

图 13.26　调整视图

（4）选择【文件】→【导出】→【模型】命令，在弹出的【输出模型】对话框中设置好文件名、输出类型和保存路径，并将模型依照 Artlantis 文件格式（ATL）进行导出。文件中不得出现中文名称，保存路径中也不得出现中文，如图 13.27 所示。

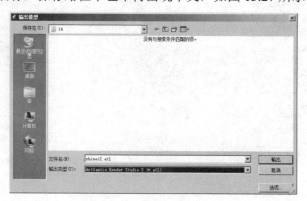

图 13.27　【输出模型】对话框

注意：在 SketchUp 中导出 ATL 文件时，不论是文件名还是文件的保存路径，都绝对不
　　　允许出现中文名。如果用户将文件保存在"我的文档"、"桌面"等含中文名的
　　　路径，那么会出现无法导出文件的情况。

13.5.2　在 Artlantis 中进行渲染

在 Artlantis 中进行渲染的具体操作步骤如下：

（1）打开保存文件夹，双击保存的文件，Artlantis 将自动打开 SketchUp 导出的 ATL
文件，如图 13.28 所示。

（2）单击工具栏中的【渲染设置】按钮 ，在弹出的【透视图渲染设置】对话框中
选中【光能传递】复选框。在其后的下拉列表框中可依照计算机的硬件进行选择，级别越
高，效果越好，但计算机的计算越复杂，速度越慢，如图 13.29 所示。

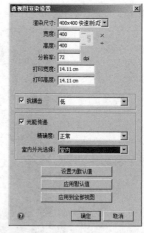

图 13.28　打开模型　　　　　　　　　　　　　　图 13.29　【透视图渲染】对话框

（3）单击工具栏中的【透视图】按钮 进行相机设置，新建一个透视图，如图 13.30 所示。调整左侧的透视图参数，如图 13.31 所示。

图 13.30　新建透视图

图 13.31　调整参数

（4）单击工具栏中的【2D 视图】按钮，在弹出的【二维视图】窗口中对相机位置进行设置，如图 13.32 和图 13.33 所示。

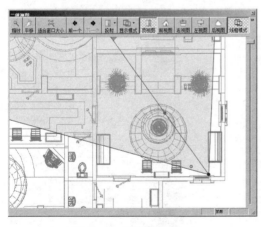

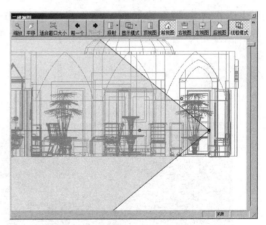

图 13.32　顶视图调整

图 13.33　前视图调整

（5）单击工具栏中的【太阳光】按钮 ，对场景中的太阳光进行设置。参照 2D 视图，对场景中太阳光的位置、时间、亮度、颜色、阴影以及天光的亮度、颜色等选项进行设置，如图 13.34 所示。

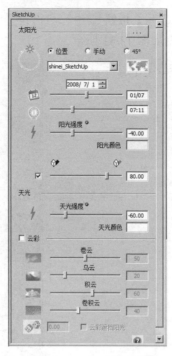

图 13.34　太阳光设置

（6）单击工具栏中的【材质】按钮 ，将场景中的材质对象选中，在【材质】控制栏中逐一进行调整。Artlantis 中调整材质的方法十分简单，主要控制场景中材质的颜色、反射值和光泽度、透明度、材质尺寸。在绘图区，场景实时显示如图 13.35 所示。

（7）单击【渲染】按钮，在弹出的【另存为】对话框中单击【选项】按钮，再在弹出的【透视图渲染设置】对话框中设置渲染相应的参数，如图 13.36 所示。然后选择适当的输出位置，单击【立即渲染】按钮，进行渲染。

图 13.35　材质调整后预览区效果

图 13.36　设置渲染的参数

（8）最终渲染效果如图 13.37 所示。

图 13.37　最终渲染效果图

第 14 章 使用 V-Ray for SketchUp 制作效果图

V-Ray 是目前非常流行的渲染引擎。基于 V-Ray 内核开发的 V-Ray for 3ds Max、V-Ray for SketchUp 和 V-Ray for Rhino 等诸多插件，为基于不同行业的 3D 建模软件提供了高质量的渲染功能。

V-Ray for SketchUp 是一款非常优秀的内置渲染插件，主要表现在灯光、材质与贴图方面。它支持 GI 全局光照明、物理相机及景深效果、渲染动画、保存光照信息的 HDRi 贴图、置换贴图和联机渲染等。

与其他独立渲染器相比，V-Ray for SketchUp 非常适合用于方案的推敲和模型的修改。在 SketchUp 中对模型进行调整后，在其他渲染器中只需细微调节渲染参数即可直接渲染，不用全部重新设置，免去了独立渲染器需要导出、导入以及在模型修改后需要重复设置等多余工作，节省了大量时间。

14.1 基 本 介 绍

V-Ray for SketchUp 是一款内置渲染插件，在 SketchUp 软件中直接渲染即可，无须将 SketchUp 软件制作的模型进行导出、导入等操作。

14.1.1 V-Ray for SketchUp 的工具栏

V-Ray for SketchUp 的工具栏由 11 个按钮组成，如图 14.1 所示，分别介绍如下。

- ❑ 【材质编辑器】按钮 ⓜ：单击该按钮，弹出【V-Ray 材质编辑器】面板，如图 14.2 所示。

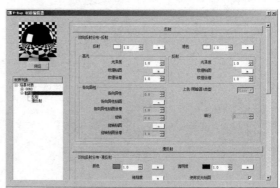

图 14.2 【V-Ray 材质编辑器】面板

图 14.1 V-Ray for SketchUp 的工具栏

❑　【渲染参数设置】按钮 ：单击该按钮，弹出渲染参数设置面板，如图 14.3 所示。

❑　【V-Ray 帧缓冲器】按钮 ：单击该按钮，弹出 V-Ray 帧缓冲器窗口，如图 14.4 所示。

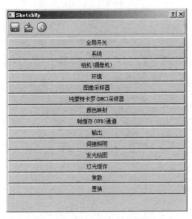

图 14.3　渲染参数设置面板

图 14.4　V-Ray 帧缓冲器窗口

❑　【渲染】按钮 ：单击该按钮，可对场景进行渲染，如图 14.5 所示。

❑　【在线帮助】按钮 ：单击该按钮，将进入在线帮助网站，如图 14.6 所示。

图 14.5　V-Ray 渲染器进程窗口

图 14.6　在线帮助页面

❑　【创建点光源】按钮 ：单击该按钮，创建一个 V-Ray 点光源，如图 14.7 所示。

❑　【创建面光源】按钮 ：单击该按钮，创建一个 V-Ray 面光源，如图 14.8 所示。

❑　【创建聚光灯】按钮 ：单击该按钮，创建一个 V-Ray 聚光灯，如图 14.9 所示。

❑　【创建光域网】按钮 ：单击该按钮，创建一个 V-Ray 光域网，如图 14.10 所示。

❑　【创建球体】按钮 ：单击该按钮，创建一个球体（因为在 SketchUp 中只能间接绘制球体），如图 14.11 所示。

❑　【创建平面】按钮 ：单击该按钮，创建一个无限大的 V-Ray 平面，用来模拟地面，如图 14.12 所示。

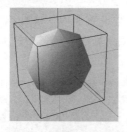

图 14.7　V-Ray 点光源

图 14.8　V-Ray 面光源

图 14.9　V-Ray 聚光灯

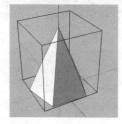

图 14.10　V-Ray 光域网

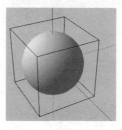

图 14.11　创建球体

图 14.12　V-Ray 平面

14.1.2　设置渲染参数

在 V-Ray for SketchUp 的渲染参数设置面板中，可以对整个场景的渲染参数进行设置。具体可设置的参数有很多，如图 14.3 所示，其中主要的参数如下。

- ❑　文件：该下拉菜单中包含了保存、载入、重置和退出 4 个选项。软件自带了很多模式下的推荐参数设置，便于用户直接调用。用户也可以自己设置好渲染参数进行保存和载入，如图 14.13 所示。

图 14.13　载入渲染参数设置

- ❑　全局开关：包含全局的灯光、阴影、反射和优先级别等设置，如图 14.14 所示。
  - ➢　覆盖材质颜色：使用单一颜色对场景进行渲染，便于灯光的观察与调整。

- ➢ 低线程优先权：自动降低渲染时的 CPU 占用率，不影响其他应用程序的运行。
- ➢ 隐藏光源：隐藏场景中的灯光。
- ➢ 缺省光源：缺省光源是 V-Ray 自动建立的灯光，需要与默认相机配合使用。
- ➢ 阴影：表示是否渲染物体的阴影。
- ❏ 系统：包含光线投射参数以及区域划分，由于目前多核 CPU 较为普遍，如果是双核 CPU 的计算机，可以将内存极限设置为 800，这样会提高运算效率。系统参数设置如图 14.15 所示。

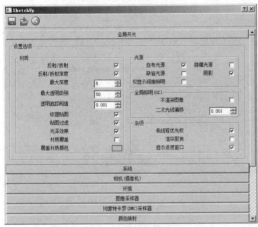

图 14.14　全局开关设置　　　　　　　　　　图 14.15　系统参数设置

- ❏ 相机（摄像机）：可以根据不同的光线参数设置以及追求的图像效果，在默认相机与物理相机中进行选择，另外也可以通过设置实现增加景深、动态模糊等效果。其中，物理相机的参数主要通过快门速度、焦距比数以及胶片感光度（ISO）进行调节，如图 14.16 所示。
- ❏ 输出：可以对输出的图像尺寸、路径以及动画选项进行设置，如图 14.17 所示。

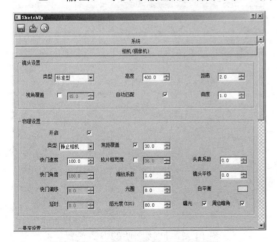

图 14.16　物理摄像机的参数设置

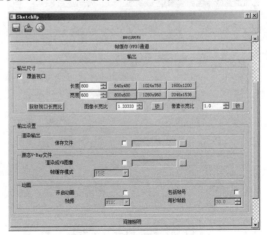

图 14.17　输出的参数设置

- 环境：用来设置不同的环境光，如图 14.18 所示。
- 图像采样器：分为固定比率、自适应纯蒙特卡罗和自适应细分 3 个类型，如图 14.19 所示。固定比率采样器与自适应细分采样器相似，速度较慢，但效果较好。因此当进行测试渲染时，建议选用自适应细分采样器，最终出图时选择自适应纯蒙特卡罗采样器。

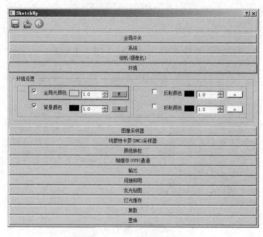

图 14.18　环境光的设置　　　　图 14.19　图像采样器参数设置

- 颜色映射：用于调整颜色使其更符合真实的效果。通常采用线性倍增的模式，如图 14.20 所示。
- 间接照明：用于在首次渲染引擎和二次渲染引擎中选择具体的渲染引擎。在首次渲染引擎中有 4 个选项，分别是发光贴图、光子贴图、纯蒙特卡罗和灯光缓存。二次渲染引擎中也有 4 个选项，分别是无、光子贴图、纯蒙特卡罗和灯光缓存，如图 14.21 所示。注意，选择不同的渲染引擎时，参数面板也会随之发生变化。

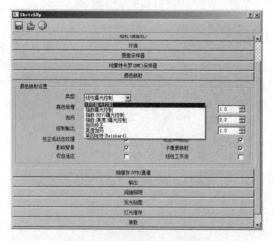
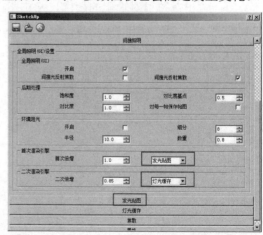

图 14.20　颜色映射参数设置　　　　图 14.21　间接照明的参数设置

14.2　材　　质

14.2.1　材质编辑器

单击 V-Ray for SketchUp 工具栏中的【材质编辑器】按钮 Ⓜ，或选择【插件】→V-Ray →【材质编辑器】命令（如图 14.22 所示），打开【V-Ray 材质编辑器】面板，如图 14.23 所示。该面板由材质预览区、材质工作区和材质参数设置区 3 部分组成。

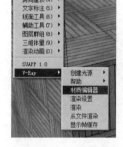
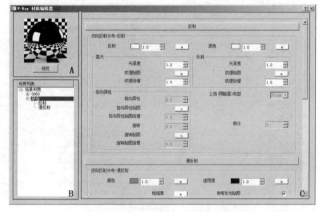

图 14.22　打开材质编辑器　　　　图 14.23　【V-Ray 材质编辑器】面板

各区域分别介绍如下。

- ❑ A 区：材质预览区。对材质的参数进行修改后，单击【预览】按钮便可以在此区域预览修改后的材质效果。
- ❑ B 区：材质工作区。可以对材质进行添加、删除、重命名、添加反射层和添加折射层等操作。
- ❑ C 区：材质参数设置区。通过具体参数对材质进行设置，修改后可以单击【预览】按钮查看效果，如图 14.24 所示。

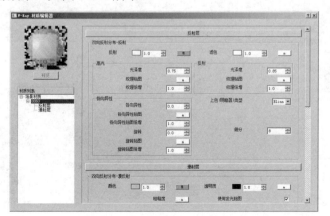

图 14.24　材质参数设置及预览

注意：只有在材质工作区中给材质添加自发光、反射层和折射层时，相应的设置选项才
会出现在材质参数设置区中。

14.2.2 设置材质参数

在对场景中的模型赋予材质后，V-Ray for SketchUp 可以自动关联材质，无需像老版本
那样进行手动的材质关联。当增减 SketchUp 中的材质时，V-Ray for SketchUp 材质工作区
的材质也会随之增减，材质名称也会随之改变。自动关联材质如图 14.25 所示。

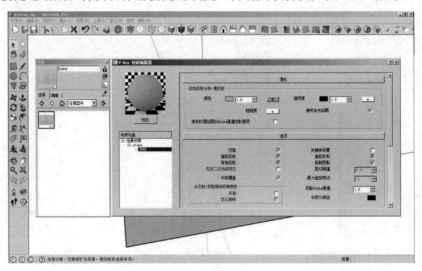

图 14.25 自动关联材质

□ 自发光：赋予模型自发光材质，该模型可作为自发光光源，如霓虹灯、手机屏幕
等，但是自发光光源不能作为场景中的主光源使用。自发光参数面板如图 14.26
所示。

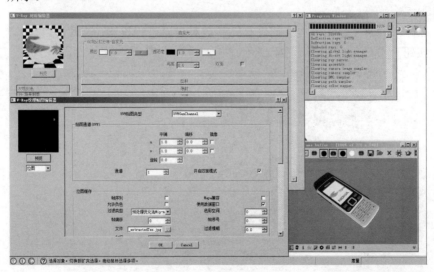

图 14.26 自发光参数面板

> 颜色：通过调整颜色，可以改变自发光材质的颜色。
> 发光贴图：可以使用贴图作为光源，单击【颜色】按钮右边的 ▣ 按钮，弹出
> 纹理编辑器，如图 14.27 所示。

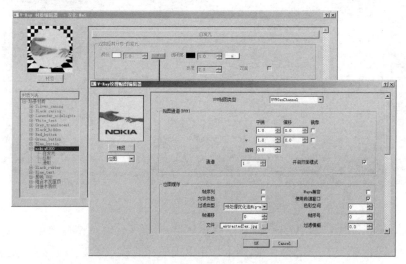

图 14.27　自发光贴图的纹理编辑器

> 亮度：调整自发光材质的亮度。
> 透明度：调整自发光材质的透明度。

❑ 反射：表面光滑的物体都会对周围环境及场景的光线产生反射，因此需要添加反
射层来表达光滑物体表面的真实效果。反射参数面板如图 14.28 所示。

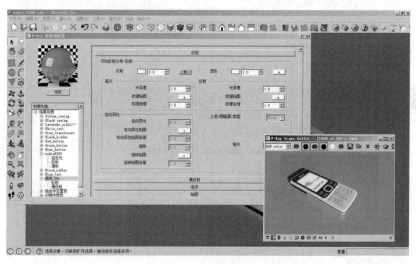

图 14.28　反射参数面板

> 反射：当反射贴图通道的类型设置为"无"时，反射颜色控制反射的强度，
> 当颜色设置为纯白色时，表示完全反射，相当于镜面反射。反射颜色的设置
> 如图 14.29 所示。

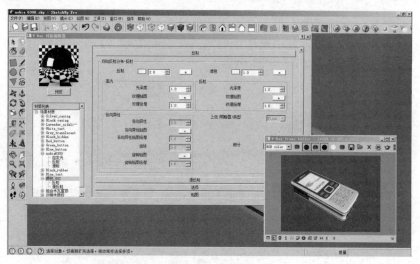

图 14.29　反射颜色的设置

➢　反射贴图：默认的反射贴图类型为"菲涅耳"。单击反射颜色右边的 ▭ 按
钮，在类型中选择"菲涅耳"并单击确定，此时会发现反射颜色右边的按钮
变成了 ▣ 。菲涅耳图像反射的特点是会随着视角的不同自动调整不同的反
射量，模拟真实的效果。简单地讲，当与玻璃成 90°角观看时，反射量最小，
比较容易透过玻璃看到内部场景，随着视线与玻璃夹角的减小，反射量会逐
渐增大，当接近平行时，玻璃近似于镜面反射，很难透过玻璃看到内部的场
景。在反射贴图的纹理编辑器中，当选择"菲涅耳"时，右侧有 4 个调节设
置，分别为正对方向颜色、平行方向颜色、折射率（IOR）和折射率。正对
方向颜色用来调整反射程度；折射率（IOR）用来调整菲涅耳密度；平行方
向颜色用来调整折射的颜色；折射率用来调整折射密度。菲涅耳反射的参数
设置如图 14.30 所示。

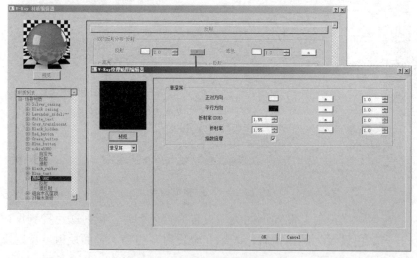

图 14.30　菲涅耳反射的参数设置

> ➢ 滤色：过滤器控制着反射高光的颜色。
> ➢ 光泽度：自然界中的任何物体都不是绝对光滑的表面，即使是镜子也有微小的颗粒。因此需要调整物体的光泽度，通过"高光光泽度"和"反射光泽度"来进行调整，从而达到反射的清晰或模糊的效果。

❑ 漫反射：漫反射参数面板用来调整材质的颜色以及透明度信息，如图 14.31 所示。

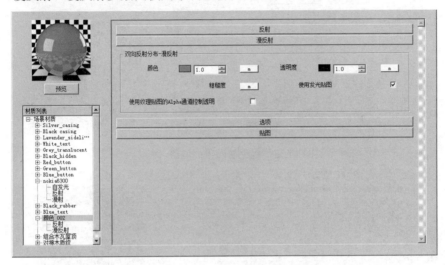

图 14.31　漫反射参数面板

颜色：如果只是单色材质，没有贴图，那么颜色右侧的按钮显示为 ，这时可以通过调色来改变材质的颜色，调色后 SketchUp 中的材质颜色也会随之变化，如图 14.32 所示。如果是贴图材质，那么颜色右侧的按钮显示为 ，这时可以单击该按钮进入纹理编辑器调整参数，如图 14.33 所示。

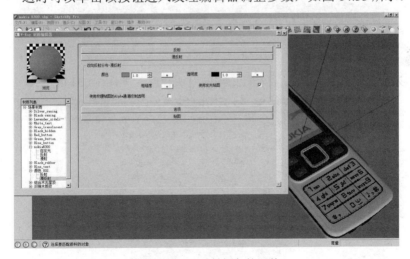

图 14.32　漫反射颜色的调整

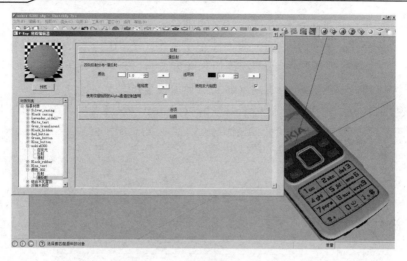

图 14.32　漫反射颜色的调整（续）

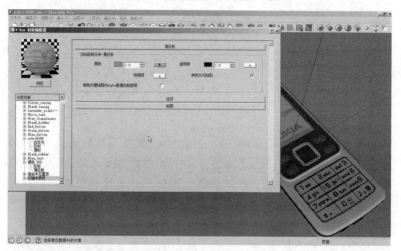

图 14.33　设置材质贴图

❑　折射：折射参数面板用来调整物体的透明程度，如图 14.34 所示。

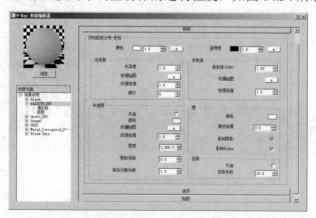

图 14.34　折射参数面板

➢ 颜色：用来调整折射强度。

➢ 透明度：需要在【漫反射】中调整材质的透明度，而不要调整折射中的透明
度。当透明度设置为黑色时为不透明，如图 14.35 所示；当透明度设置白色
时为完全透明，如图 14.36 所示。

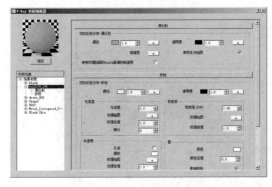
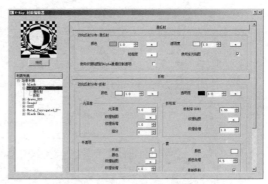

图 14.35　透明度设置为黑色　　　　　　　图 14.36　透明度设置为白色

➢ 光泽度：与反射相同，折射也可以设置光泽度，但是它会影响材质的透明度。

➢ 折射率（IOR）：材质的折射率影响光线通过物体后的折射程度。不同的材
质具有不同折射率，如真空的折射率为 1.0，空气的折射率为 1.0029，水的折
射率为 1.33。

➢ 雾颜色：用来调整材质折射的颜色，尽量调整烟雾颜色同材质固有色相近。

❑ 贴图：贴图参数面板用来对贴图进行设置，其中最常用的是凹凸贴图和置换贴图，
如图 14.37 所示。

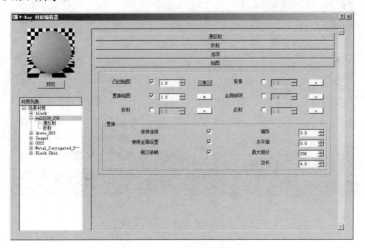

图 14.37　贴图参数面板

➢ 凹凸贴图：凹凸贴图通常用于制作地板、墙地砖等材质。它在场景中模拟材质
的粗糙表面，将带有深度变化的贴图赋予物体，经过光线渲染处理后，这个物
体的表面就会呈现出凹凸不平的效果。凹凸贴图尽管在视觉上有了凹凸效果，
但是它并不能产生物理性的起伏变化。因此，它能够有效地减少模型量以及渲

染的时间，但仔细观察会发现材质边缘仍然是平面，如图 14.38 所示。

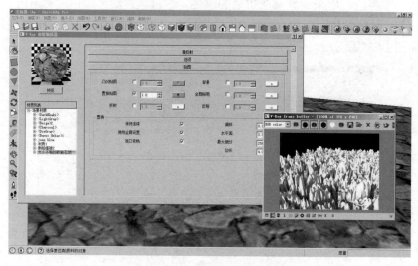

图 14.38　凹凸贴图渲染效果

> 置换贴图：与凹凸贴图比较相似，置换贴图对物体表面进行了重建，效果非常明显，可以看到材质的边缘也发生了变化，如图 14.39 所示。但是置换贴图会极大地影响渲染速度，希望大家慎用。

图 14.39　置换贴图渲染效果

14.3　V-Ray for SketchUp 应用案例

随着 V-Ray 的加入，SketchUp 已经不仅仅是一款优秀的三维建模软件，而是成了一个既可以建立模型又可以进行后期渲染的三维操作平台，使得创建模型同后期渲染完美地衔接在了一起。

14.3.1　在 SketchUp 中进行调整

本例选用了一个室外建筑场景来说明如何使用 V-Ray for SketchUp 进行渲染，配书光盘中已经提供了这个室外建筑场景的文件。

（1）启动 SketchUp，选择【文件】→【打开】命令，打开配书光盘中提供的场景模型，如图 14.40 所示。

（2）关掉阴影选项，提高显示速度。

（3）V-Ray for SketchUp 可以自动关联 SketchUp 场景中的材质，无需进行手动的材质关联。当修改 SketchUp 中的材质时，V-Ray for SketchUp 材质工作区的材质也会随之改变。场景中的材质赋予完毕后，仍需要对个别材质进行调整，如图 14.41 所示。

图 14.40　打开场景

图 14.41　调整材质尺寸

（4）调整相机角度，建立两个页面并进行比较，如图 14.42 所示。

图 14.42　建立对比页面

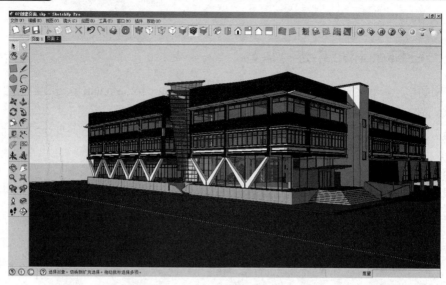

图 14.42　建立对比页面（续）

（5）对阴影进行设置。当在 V-Ray for SketchUp 渲染参数面板中选择天光照明的类型为"天空"时，会直接调用 SketchUp 中的阳光参数。因此，要在 SketchUp 中调整好位置、时间等影响阴影的参数，如图 14.43 所示。

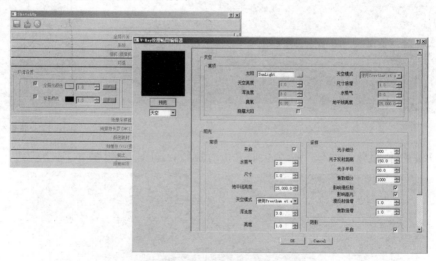

图 14.43　天光照明类型参数设置

在对 SketchUp 场景中的模型材质进行大体调整后，便可以对 V-Ray for SketchUp 的渲染参数进行调整。因为两者是相互协调、逐步完善的。

14.3.2　调整 V-Ray for SketchUp 渲染参数

调整 V-Ray for SketchUp 渲染参数的具体操作步骤如下：

（1）在默认参数下单击【渲染】按钮，查看整体效果，如图 14.44 所示。

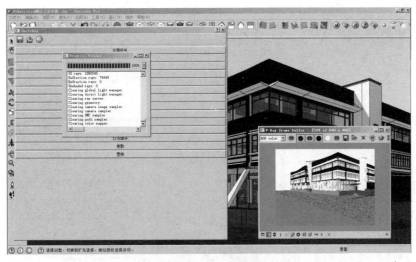

图 14.44　默认渲染参数

（2）默认渲染后，发现有些面存在正反错误，有些面没有赋予材质，再次调整 SketchUp 的模型及材质，单击【渲染】按钮查看效果，如图 14.45 所示。

图 14.45　调整模型及材质后渲染

（3）打开【材质编辑器】对话框，调整几个主要材质的参数，可以自己调整参数，也可以直接在材质名称上单击鼠标右键，在弹出的快捷菜单中导入材质参数文件并在此基础上进行修改，配书光盘中提供了百余款材质参数文件，读者可以自行调用，如图 14.46 所示。

图 14.46　选择材质参数文件

（4）当场景中的主要材质调整完毕后，再次单击【渲染】按钮，查看是否存在问题，如图 14.47 所示。

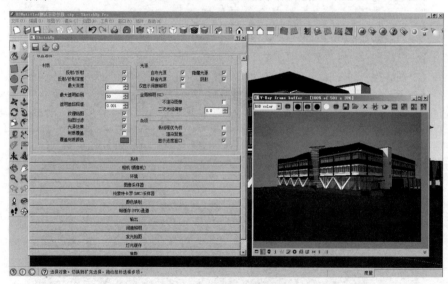

图 14.47　调整模型及材质后渲染

（5）在渲染参数面板中调整测试渲染参数，关闭"缺省光源"；打开"物理摄像机"（参数默认）；打开 GI 天光，类型选择 sky（参数默认）；图像采集器选择"固定比率"（在细分值比较低的情况下，渲染速度较快）；【首次渲染引擎】选择"发光贴图"，【二次渲染引擎】选择"灯光缓存"；发光贴图中，【最小比率】和【最大比率】均设置为-3，灯光缓存的【细分】设为 500，具体设置如图 14.48～图 14.50 所示。单击【渲染】按钮，查看测试渲染效果，如图 14.51 所示。

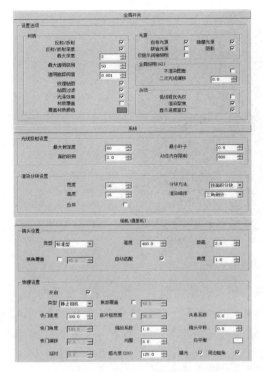

图 14.48　测试渲染参数设置（一）

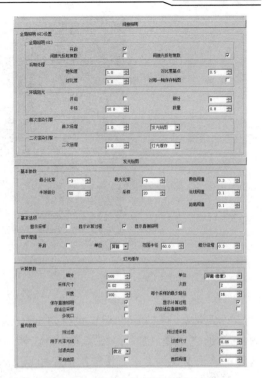

图 14.49　测试渲染参数设置（二）

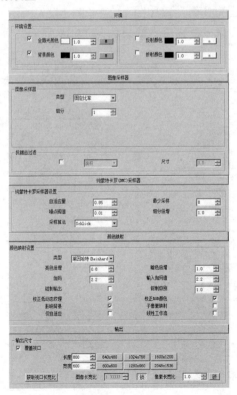

图 14.50　测试渲染参数设置（三）

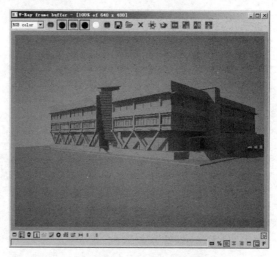

图 14.51　测试渲染效果

（6）调整最终渲染参数，关闭"缺省光源"和"隐藏光源"，最大深度设置为 5；打开"物理摄像机"（快门速度设置为 150，其他参数保持不变）；打开 GI 天光（类型选择 sky，浑浊度调整为 2）；图像采集器选择"自适应纯蒙特卡罗"，纯蒙特卡罗采样器中的【颜色阈值】设为 0.01；【首次渲染引擎】选择"发光贴图"，【二次渲染引擎】选择"灯光缓存"；发光贴图中，【最小比率】和【最大比率】分别设置为-3 和-1；灯光缓存的【细分】设为 1000；其他参数的具体设置如图 14.52～图 14.54 所示。查看最终渲染结果，然后单击【保存】按钮进行保存。最终渲染效果如图 14.55 所示。

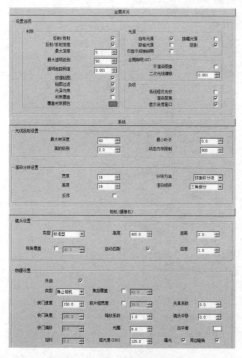

图 14.52　最终渲染参数设置（一）

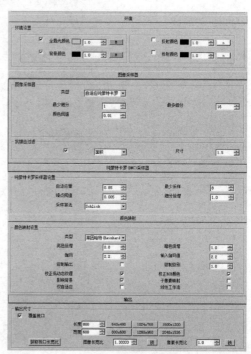

图 14.53　最终渲染参数设置（二）

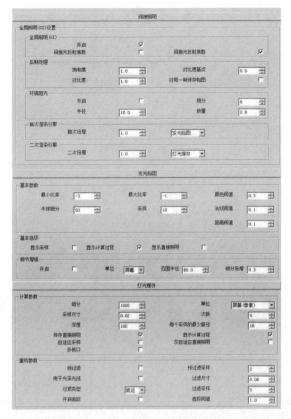

图 14.54　最终渲染参数设置（三）

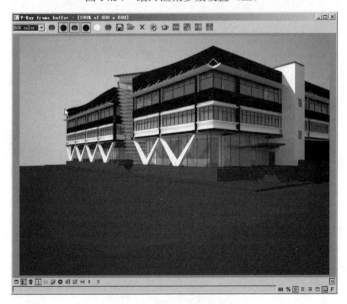

图 14.55　最终渲染效果图

（7）使用 Photoshop 等图像处理软件对渲染的图片做后期处理即可最终完成效果图设计。